蓝

思 维

与幸福感相关的
大脑模式及思维偏好

（美）
华莱士·J. 尼科尔斯
著

阳曦
译

九 州 出 版 社
JIUZHOUPRESS

被水包裹的那一刻，

我对孤独心满意足。

—— 约翰·杰罗姆《蓝色房间》

目录

蓝

色

思

维

我们都需要蓝色思维

《 环 球 科 学 》 主 编 褚 波

一看到这本书的封面我就发现，我与这本书渊源不浅，因为与它有关的几位关键人物都与我有着或多或少的关系。

第一位关键人物，当然是这本书的作者华莱士·J.尼科尔斯（Wallace J. Nichols）。尼科尔斯是一位海洋生物学家，曾先后就读于美国迪堡大学、杜克大学、西北大学，博士期间曾深入研究过海龟。

现在，尼科尔斯有多种身份，关注海洋生物和环境的科学家，海洋革命组织、"SEE the WILD"和"LiVBLUE"等公益组织的创始人之一，还是颇有建树的科学作家——在美国《国家地理》《新闻周刊》《科学美国人》《新科学家》等知名媒体上刊登过文章和摄影作品。虽然我和尼科尔斯并不相识，也从未谋面，但是，至少在《科学美国人》这个平台上，我们曾经在工作上有过交集。

第二位关键人物，是这本书的译者阳曦女士——她算是我的老朋友了（当然，阳曦本人并不老，还很年轻）。阳曦毕业于北京航空航天大学宇航学院，理工科背景的她却钟情于文字和翻译。大概是在2010年左右，经过科学松鼠会的朋友介绍，我和她开始了长达七八年的合作，经常邀请她为《环球科学》

翻译环境、能源等领域的稿件。

我所供职的《环球科学》是世界著名科学杂志《科学美国人》（*Scientific American*）的中文版。看过《环球科学》，或者了解《科学美国人》的读者应该都知道，这本杂志的特点就是权威和前沿，杂志上的很多文章都是由世界一流的科学家撰写的，报道的内容也多是非常前沿的研究成果或重要进展，这样的内容并不好翻译，因为这对译者有很高的要求：广而深的知识背景、对英文原文的准确理解、优秀的文字表达能力、良好的学习和资料搜索能力……完全具备这些能力的译者并不多，阳曦是其中之一。她的译文流畅生动，准确到位，能很好地向读者传递原文的精髓，所以这几年我们合作得非常愉快，也会继续合作下去。

第三位关键人物是这本书的幕后英雄、北京阳光博客文化艺术有限公司的总编辑牛瑞华先生，因为他，这本书才得以和中国读者见面。我原本不认识他，是另一位老朋友董毅然先生介绍我们认识的。董毅然曾是我的同行，10年前，他是另一本新锐科普杂志《新探索》的编辑部主任。尽管因为各种原因，《新探索》杂志目前已经不在了，董毅然也转战电商领域，但作为一个有情怀的科普老兵，他始终关注着中国的科学传播事业的发展，我们对彼此也始终保持着敬意——毕竟，我们都是为科学传播一起奋斗过的人。

牛瑞华先生是董毅然在北京师范大学读书时的同学，是一位资深出版人，他从2004年开始，就一直在从事出版工作。牛瑞华大概也是《科学美国人》的读者，因为除了《蓝色思维》这本书，他出版过的另一本科普类的畅销书《植物知道生命的答案》，英文版图书 *What a Plant Knows* 就是由《科学美国人》策划出版的。这本书曾获得 2014 年的文津图书奖（科普类第一名）。牛瑞华在谈起引进这本书的理由时曾说到，"尽管这本书当时还没有出版，但书名和简介太吸引我了，而且还有个靠谱的出版方《科学美国人》杂志，所以我就下定决心，要引进这本书的版权。"

我想，可能就是因为《科学美国人》的关系，牛瑞华先生才邀请我来为《蓝色思维》作序。当然，与以上 3 位关键人物之间的关系，只是我写下这篇文章的部分原因，更多的动力，还是来自这本书本身的价值。

尼科尔斯通过一系列数据和事实，告诉了我们水和大海有多么重要。在宏观层面上，地球上超过一半的氧气来自海里的浮游生物，水覆盖了超过 70% 的地球表面。全世界大约 80% 的人口都生活在距离海洋、湖泊或者河流 60 英里以内的地方。超过 10 亿人的生计直接依赖于水，全球 2/3 的经济体量来自与水有关的活动。全世界大约有 10 亿人主要依赖水产品提供蛋白质。

而具体到每一个人，具体到更深层次的微观层面，水可能更加重要。生命最初的 9 个月里，我们一直沉浸在母亲子宫内"充满水"的环境里。出生以后，我们的身体大约 78% 的成分是水。随着年龄的增长，这个比例会降低到 60% 以下——但大脑的含水量依然高达 80%，我们细胞内的水包含的矿物质成分和海水差不多。人类学家罗兰·埃斯利曾经写道，人类"其实是水超越河流束缚的一种方式"。

另外，目前最受认可的生命起源假说之一，也与水和大海有关：深海底的火山口孕育了最早的一批地球生命。

可能正是因为水对于生命如此重要，在我们每个人的大脑深处，都潜藏着我们自己可能都没有意识到的"蓝色思维"：

爱尔兰的一项研究发现，住在离海边 5000 米以内的人对生活的满意度更高，这也是临海、临湖、临江地产价值更高的原因之一；

哈佛大学医学院的雪莱·贝茨表示，我们的耳朵天生偏爱水声，因为水的声音频率和音调都不高，而且富有韵律和节奏，音量也十分轻柔；

波恩大学公共健康与卫生研究所的研究者在科隆和杜塞尔多夫调查了在河边散步的人们，结果发现，人们明显偏爱都市环境中的水，因为水能够带来正面的感知体验；

水还是艺术家灵感的源泉，无论是过去那些伟大的作品，还是当代最先锋的艺术，很多都与水有关。只要朝窗外看上一眼，或者去岸边走走，你也能让自己的大脑恢复到最理想的状态。

这本书还有很多这样的例子和故事。读到这里，读者朋友可能已经从书中收获了关于水、关于生命的很多知识，但是，正如一位伟大的电影导演往往会通过一个引人入胜的故事，去表达一种深刻的思想，进而唤起人们对某种社会问题的关注和反思一样，尼科尔斯提出的"蓝色思维"还有着更深层次的含义。

我在前面已经提到水对于生命的重要意义，但是，在全球的水系统里面，是一幅什么样的图景呢？

尼科尔斯在书中描述过一段来自太平洋小岛中途岛的鸟类

视频。视频中，飞翔的海鸥和信天翁遮蔽了整个天空，它们伸展双翼，清脆的鸟叫声在海浪的轰鸣与古典吉他的音乐中回响。鸟群在青翠的山坡上行走、停留，在鸟巢上空盘旋，守候斑斑点点的卵，毛茸茸的棕色雏鸟接过母亲嘴里的食物，白色和棕色的海鸥特写镜头在屏幕上闪动。

然后，画面变了：灰白色的沙子上躺着一只信天翁干枯的尸体，尸体正中央，也就是它的胃部，是一堆塑料残骸——瓶盖、塑料袋碎片，还有已经无法辨认的其他垃圾。画面再次转移，出现了一枚孤零零的卵，鸟巢里塞满了塑料垃圾……

这个视频述说了大海的现状。每年，经过各种河流流入大海的垃圾大概有800万吨，如此巨量的垃圾，已经严重影响到很多生物的生存了。但是，大海和生灵们面对的难题还不止污染，人类的无度索求同样是巨大的威胁。比如，人类的大规模捕捞让太平洋里的蓝鳍金枪鱼数量减少了96.4%，而其中90%的蓝鳍金枪鱼还没有长到繁殖年龄就已经被人吃掉了。

在如此恶劣的形式面前，人类是时候反思自己的行为，并做出改变了——这，才是尼科尔斯提出的"蓝色思维"的真正内涵。

作为"蓝色思维"的倡导者，尼科尔斯已经在践行这一思维了。

2011年，在美国旧金山，他发起了第一次"蓝色思维"大会，邀请了一群神经学家、认知心理学家、海洋生物学家、艺术家、保育者、医生、经济学家、运动员、城市规划者，甚至房地产中介和厨师，一起讨论水的重要性，讨论如何保护地球上的水资源。

从这一年起，"蓝色思维"大会成为了一年一度的正式会议，越来越多的人和研究汇聚成流，不断催生令人耳目一新的洞见，共同促进人类与这颗水星球的互动，倡导更多的人关注大海。

除了"蓝色思维"大会，尼科尔斯还做过一件有意思的事情。2009年，他在波士顿新英格兰水族馆西蒙斯IMAX电影院有一场演讲。在演讲开始之前，他站在电影院门外，向每一位来捧场听众送上一颗蓝色玻璃球。

一开始，听众并不知道蓝色玻璃球的含义，直到演讲最后，尼科尔斯才揭开悬念：如果你在100万英里之外的太空，那么你所看到的地球，就是手上这颗蓝色的、脆弱的、水汪汪的小球。尼科尔斯号召听众把蓝色玻璃球传递给自己所感激的人，告诉他们这颗玻璃球的含义，并把它继续传递下去。

出乎尼科尔斯预料的是，两年时间内，有上百万人传递过蓝色玻璃球。这些蓝色小球所代表的柔软力量，在不断唤起人们对海洋和水的关注。这是尼科尔斯值得我们敬佩的地方，他正在通过自己的努力，让我们赖以生存的星球一点一点变得好起来。

但是，单靠尼科尔斯是不够的。我希望，看过这本书的读者，能把"蓝色思维"传递给身边的人——要留给未来一个更好的地球，我们都需要"蓝色思维"。

蓝

色

思

维

知 识、灵 感 与 启 迪

席 琳 · 库 斯 托*

* "国际海洋未来保护组织" 代言人，法国海洋探险
家族 "库斯托家族" 唯一留存女性。

序

知
识
、
灵
感
与
启
迪

我的祖父留下了许多名言，其中流传最广的是这两句：

"一旦大海的魔力捕获了你，你就永远陷入了那张奇迹之网。"

"人们总会保护自己所爱的东西。"

他说这两句话的时候是想表达什么意思呢？现在我只能猜测——因为他已经无法回答了——不过我相信，他想说的其实很简单。第一句话描述的是水的神奇魅力，这一点很多人都有切身体会。第二句话事关生存——保护所爱的东西是人类的本能之一（问问做父母的就知道了）。这两句话解释了水科学领域众多科学家的生活：他们爱上了水的世界，所以不惜用生命去守护它。不过，为了保持不偏不倚、中立客观的立场，这些科学家根本不会深入探查自己为何如此热爱这份工作。

每年都有数百万普通人选择去水边度假，对于他们来说，情况同样如此。大部分人不会思考自己为什么觉得水边的度假胜地最令人放松，最适合休养身心，坐在海滨的沙滩椅上读一本畅销小说能带来什么。他们不会问这种问题。他们只知道，自己需要享受一段不受打扰的水边时光，这就是他们热爱的假期。

　　我也一样。我出生在一个海洋之家。我的祖父雅克通过电视让数百万观众看到了海底的精彩世界，他对大海的热爱刻讲了我的 DNA，成为我人生中不可或缺的元素。不过，我内心中的某个部分也不想去探寻自己为什么会爱水，隐约中，我更愿意将它视作一种有魔力的、未知的——确切地说，是不可知的深厚情感。

　　我觉得生命中的某些东西无须解释。但在眼下，地球上的水环境岌岌可危，要想让全世界的水系统恢复健康，我们必须鼓励人们改变自己的行为，说服政府改变政策——当我想到这些时，我不得不赞同我亲爱的朋友华莱士·J.尼克尔斯博士的意见：我们应该设法解释水的魔力。

　　情感共鸣可以帮助你有效地达成目标，有许多例子可以证明这一点；但在某些时候，你必须从理性上说服大家。你还需要根据受众来改变自己传达信息的方式。要想说服立法者、渔夫、冲浪者、房产中介或者一位母亲，你必须用他们各自熟悉的语言来表达。这意味着要让人们理解水的伟大和精彩之处，我们需要用数字、事实、生物学和神经化学来证明。

　　正如本书中提到的，现在，神经学家和心理学家正在做这方面的工作。他们正在开始研究：人类大脑为什么天生就会对水做出积极的响应？为什么靠近水可以让我们平静下来，让人与人之间也会变得更加亲密？为什么水有助于促进创新与洞见，甚至还能帮助治疗创伤？健康的水对我们的身心福祉至关重要，水对环境生态和社会经济的影响也不容忽视。我们拥有"蓝色思维"——所以与水有关的一切都会让我们快乐起来，无论是冲浪休闲，还是聆听溪流的呢喃，或是静静地漂浮在池塘中。

人类对水的热爱如此普遍，如此持久，乍看之下，苦苦追问原因似乎毫无必要。但只要你潜入那片深海（我无意双关！），你就会发现，事情没有我们想得那么简单。我们喜欢波浪拍打海岸的韵律，但这种声音的放松效果几乎超越了其他所有声音，为什么？对平静湖面的偏爱，是如何深植在史前狩猎者的思维模式之中的？研究躯体紧张为什么有助于解释我们在水下感觉到的愉悦？这样的问题还有很多很多，本书将一一为你解答。这些答案带来的不光是知识，还有灵感与启迪。或许可以用引力来比喻：我们知道引力是什么，但是如果人类的好奇心仅止于知道扔上天的东西必然会掉下来，那么我们永远不可能把宇航员送上月球。所以，研究水对人类的影响也是一样的。

幸运的是，随着越来越深地参与到尼克尔斯博士的"蓝色思维"项目中，我逐渐意识到，从科学角度理解我们对水的热爱，并不会妨碍深植于心中的那些感觉。正如尼克尔斯博士喜欢说的一句话："研究奇迹与爱背后的科学完全不会损害它本身的精彩。"当然，科学家可能不太爱听这样的宣言。很多人害怕探索人类情感过程中那些"过于切身相关"的东西。2013 年，我在布鲁克岛参加第三届蓝色思维峰会时发现，那是个遗世独立的小岛，我的周围只有来自各行各业的人——神经学家、心理学家、教育者、潜水者、艺术家、音乐家——和水。我们彼此激励，摸索着用不同的方式来解释人们共同的感觉。我参加了很多论坛和会议，活动结束后，与会者总会严格地审视梳理自己对自然的感觉和体验，留待闭幕时发言致辞，或在休息时私下交流。发表演讲的神经学家解释了自己在这个多学科项目下所做的工作，告诉我们这些机制如何影响情绪。有的科学家表示，他们习惯了撰写满是表格、数据、大脑影像图片和化学方程式的报告，却不擅长用通俗易懂的方式解释自己的研究。不过当他们真的阐述清楚了这些东西时，每个人都产生了共鸣，因为我们这些对神经科学了解不多的普通人突然之间恍然大悟："噢，神啊，真是这样吗？是这么回事？我的神经元是这样工作的？那我们真的可以说大脑与水密不可分了！"

我坚信，这些研究、辩论、探讨的成果应该得到广泛传播。曾经的藩篱正在被推倒甚至铲除，新的领域已经展现在我们眼前。我们必须让更多人知道这些知识，让它成为全人类共有的常识。从本质上说，蓝色思维计划是由人类固有的好奇心驱动的，我们希望更深地了解自己。如果尼克尔斯博士没有那么强的好奇心，我们根本不会走到今天。

一旦大海的魔力捕获了你，你真的会永远陷入那张奇迹之网。人们的确总会保护自己所爱的东西。为什么这两句简单的话流传得那么广泛？因为它是朴素的真理。我的祖父说出这两句话只是出于直觉，现在，是时候用科学来解释它了。在这个过程中，我们将更深入地了解和认识人类在这颗星球上的地位、我们是谁、人类身体和大脑的运作机理以及我们是如何互动的；我们的心灵与灵魂将与大地上的水流和海洋重新建立联系；除此以外，我们还将从"蓝色思维"的深处找到创意、明朗与自信。

我的祖父一定愿意迈出这一步，我们也应该这样做。

情 感 背 后 的 科 学 原 理

描述一个人的生命有很多种方式，我们不妨说，生命就是不断地与各种各样的水相遇的过程。你的一生中有多少时间是在水里、水面上、水下或者水边度过？又有多少时间在思考应该什么时间、在哪里、通过什么方式再次与水相逢？

当然，我与水的第一次邂逅是在母亲的子宫里，而最后一次——至少在我目前的设想中——应该是我的骨灰撒入太平洋的时候。

而在开始与结束之间，我有幸认识了各种各样的水，包括池塘、水池、河流、水瓶、水洼、湖泊、溪流、水桶、瀑布、矿场形成的深池、浴缸、雾、海洋、倾盆暴雨和水坑，并深深沉迷其中。

我们从孩提时代起就爱亲近水。接下来的岁月里，水一路伴随我们的成长，我们在水里运动、消遣、寻找浪漫。

父母曾带着儿时的我去加勒比海。那次旅行的照片现在看起来仍是如此熟悉，我甚至还能回忆起当天的感觉：我们坐在海岸边，迎着巴哈马的烈日露出微笑。这些珍贵的褪色照片承载着我关于大海的快乐回忆。

那次旅行结束后不久，在我三岁生日前夕，我做了个很清晰的梦，梦里我参加了一个庆祝活动。那时候我们住在新泽西的韦斯特伍德，后院里有一棵桃树，派对上的所有人都坐在桃树下的一张圆桌旁，每个人都收到了一份礼物。侍者为每个人奉上一杯茶，茶杯底下装着一个小小的铁制雕像。不知道怎么回事，所有人都变小了，茶杯变得很大很大，我们钻进茶杯的水面下，去取各自的礼物。我的朋友史蒂夫找到了一辆赛车，罗斯蒂得到了一条狗，而我的礼物是一头四足着地的黑熊。我很喜欢这个梦——喜欢到接下来的每个晚上我都竭力试图再次进入这个梦境。从那以后，每一次看到熊、模型车或狗和茶杯，我都会想到那个梦。月复一月，年复一年，我为它魂牵梦萦，无论日夜。我渴望在梦中再次潜入茶杯的水里，找到那头黑熊。直到今天，我仍痴迷于此。

五岁的时候，我开始好奇自己被收养的事情。一个问题总是引出一串问题，于是我逐渐对人类遗传的基础产生了兴趣。也是在那一年，我得了严重的脊膜炎，不得不住院。就是在那个时候，我逐渐熟悉了自己的神经系统，也对它越来越好奇。我的养母是一位护士，她在护士学校里用过的教科书和手册成了我的童年"圣经"。科学、探索、医学和能够帮助人们从疾患中康复的职业在我的脑子里埋下了种子。

高中时我最喜欢的周末活动是夜间漂流。带着我最爱的零食、钓鱼竿和柴可夫斯基的音乐，坐着小船出发。不管钓不钓鱼，一个人的夜间漂流都是一次伟大的逃亡。

几年后我进入了迪堡大学，作为一名年轻的科学专业大学生，我希望用更正式的方法去探究自己热爱水的原因。我经常去学校里的鲍曼池塘浮潜，或者去印第安纳州的矿场深池潜水。

我不断地探索中西部的小溪、河流和湖泊，与此同时，多少有些出于偶然，我开始了解人类的大脑。

大学二年级的时候，学校里的牧师邀请我去当志愿者，教镇上疗养院里的人弹吉他。接下来的八个月里，我每个周三下午都要去疗养院和芭芭拉·多尔蒂一起弹吉他。十五年前，大学二年级生多尔蒂在一次车祸中失去了记忆和弹吉他的技艺。音乐课似乎唤醒了她遗失已久的记忆，她想起了一些事情，护士对此深感讶异。我也很惊讶，同时充满了好奇。于是我回到学校里，试图深入了解音乐和记忆之间的关系，但无论是文献期刊，还是学校里的教授，都对此所知甚少。要是在今天，网络可以帮助你找到无数相关论文，但1986年的情况完全不同。与音乐疗法的首次接触在我记忆中打下了一枚深深的楔子。

进入杜克大学以后，我开始探索野外的河流和外滩群岛，同时着手学习经济学、公共政策和决策学。但是，介绍科学和政策的课本里没有乘风破浪的愉悦，没有潜到矿坑最深处时的欣喜，没有关于记忆与乡愁的生理学原理，也没有听着《天鹅湖》在星空下顺水漂流的浑然忘我。

在地处内陆的亚利桑那大学拿到博士学位后，我在墨西哥普尔莫角国家公园的海湾向妻子达娜求婚。我们潜入无边的大洋，在寂静无声的水底，我把海龟形状的戒指套在了她的手指上。

我们很快有了两个孩子，格蕾丝和茱莉亚，我们一家人最快乐的时刻总是与水有关。

作为海洋生物学家，我研究了二十年的海龟。但水与大脑有什么关系？这个问题仍时常萦绕在我心头。事实上，对神经科学领域的好奇心常常启发我们找到恢复海龟数量的新方法。

2009 年，皮尤海洋学者项目慷慨地给了我一个提案的机会，多年前我也曾获得过这一殊荣。上一次我提出了一个基于社群的海龟研究计划，这次我希望研究人类与水的情感联系背后的科学原理。我觉得，既然对水的热爱引领我和我的许多同事走到了今天，那么这些情绪就值得我们去深入探究。

作为一个神经科学的门外汉，我写了一份相当不错的蓝色思维计划提案，然后把它提交给了皮尤海洋学者基金会。多年前他们曾驳回过我的海龟提案，原因是我"太年轻"。这一次，他们回应说这个计划"太有创意"。虽然两次提案都没通过，但这两个计划依然推进了下去，在这个过程中，我得到了许多帮助。

现在我已经不再年轻，也说不上有太多创意，但我耐心、执着，而且深爱着这个课题。

对水的热爱，加上一点点耐心和坚持，再加上与同好者及科学家（他们真的是一群很棒的人）的大量合作和交谈，铸就了你今天看到的这本书。

海洋生物学家卡伦·罗伯茨在《生命之洋》(*The Ocean of Life*)中详尽地介绍了人类利用海洋以及过度利用海洋的历史，并提出了富有洞见的对策，在该书的末尾，他写道，要修复这颗蓝色星球，我们需要做到关键的一点："我们必须从一个耗尽资源的物种转变成珍惜资源、哺养资源的种族，这对海洋生命和我们自己来说都非常重要。"

对地球上的湖泊、河流、湿地乃至森林和草原来说，这也非常重要。

不过，要创造一个更好的未来，情感驱动固然可贵，但更关键的是，我们还得弄清楚情绪背后的原因，明白自己为什么想要珍惜和哺养资源。这些属于蓝色思维的情绪如何作用于我们的大脑？这些情绪从何而来，我们该怎样培养它？这都是神经保护领域的基本问题。

罗伯茨继续写道："人类与海洋之间存在深厚的情感联系。海洋鼓舞着我们，安抚着我们，也令我们战栗。聪明的大脑让人类的祖先成为生物界的成功者，有人认为，这应该归功于我们与海洋的亲密关系。但实际上，我们与海洋的关系比这更加深远，足可追溯到生命的起源本身。我们是海洋的造物。"

是的，海洋鼓舞着我们，安抚着我们，也令我们战栗。要更好地保护海洋，我们需要更深入地理解那片蓝色为何会带来如此神奇的效果，它背后的科学原理和运行机制到底是什么。

对水的热爱还伴随着同理心、乡愁、责任感和感激，现在，机会摆在眼前，我们必须做出正确的选择。

其实，我一直努力试图把这个项目交给那些接受过更好的训练、更聪明、工作履历更漂亮的人，但一直没有找到合适的接班人。所以，我只能从各位师长那里寻求对人和水的理解。感谢各位良师：赫尔曼·梅尔维尔、约书亚·斯洛克姆、唐·汤姆森、洛伦·艾斯利、雅克·库斯托、佩克·拉罕尼、韦德·哈泽、巴勃罗·聂鲁达、胡安·德拉科鲁兹·维拉勒琼斯、席薇亚·厄尔、迈克·奥尔巴赫、塞西尔·施瓦尔和玛丽·奥利弗。

通常情况下，我们会把自己能找到的所有碎片连缀起来，再尽力解读呈现出来的图形。我们的主要目标不是找到绝对的答案，而是提出更多新的问题——希望这些问题能帮助我们发现更有创意的思路，让我们在这颗水组成的星球上生活得更好。

2005 年，已故作家大卫·福斯特·华莱士在肯扬学院的毕业典礼上发表演讲[*]的时候曾经讲过一个三条鱼的故事："两条年轻的鱼偶然碰见一条老鱼从对面游了过来。老鱼冲他们点头寒暄，'早上好啊，孩子们。今天的水怎么样？'两条年轻的鱼继续向前游了一段路，突然之间，其中一条鱼转头问另一条，'水是什么鬼东西？'"

正是这个问题让我踏上了这条长路。水是什么？我们人类为何对它如此着迷？为什么这个问题如此明显而重要，却又很难找到正确的答案？

在接下来的演讲中，华莱士告诫毕业生应该时时保持警醒："基本的真理无所不在，但它可能隐藏在看似平凡无奇的环境之中。无论何时，我们必须一次次提醒自己：'这就是水。'"

本书试图以目前的研究和新的问题为基础，开启与水有关的对话。人类在这颗小小的蓝色星球上生活、迁徙、爱与被爱，希望我们每个人都能保持警觉，体会到基本的真理与美丽。

虽然它隐藏在平凡无奇的环境之中。

---

*美国十大毕业演讲之一，后被整理出版，题为 *This is water*（中文版译名为《生命中最简单又最困难的事》。）

蓝

色

思

维

水 与 情 绪 ：
蓝 色 思 维 的 起 源

在漫长的演化过程中，人类形成了对近水地貌的偏爱，基于同样的道理，对环境的需求也塑造了我们的大脑。

我站在北卡罗来纳外滩群岛的一座码头上，脚下的大西洋离我只有 50 英尺。无论是在左面、右面、前面、后面还是下面，目力所及之处，我只能看到一片浩瀚的海洋。我戴着一顶浅蓝色的帽子，它看起来有点像镶了宝石的泳帽；粗粗的黑色缆线像马尾一样拖在我背后。我的这副模样活像是《出水芙蓉》里的临时演员不小心闯进了伍迪·艾伦的《傻瓜大闹科学城》，但实际上，我只是做实验的小白鼠——我之所以会出现在这里，完全是为了测试自己的大脑对海洋有何响应。

这顶帽子是便携式脑电图（EEG）单元的神经中枢，它的发明者是桑兹科研公司的首席科学官、生化专家史蒂芬·桑兹博士。史蒂芬身材高大魁梧，头顶微秃，不认识他的人也许会觉得他是本地高中的科学老师兼橄榄球教练，或者是穿梭于外滩群岛中的远洋渔船船长。桑兹博士目前居住在圣安东尼奥河畔的厄尔巴索，此前他也曾在加州的长滩和德克萨斯州的休斯敦待过一段时间；在学术界担任教授期间，桑兹博士最主要的工作是利用脑部成像技术研究阿尔茨海默症。1998 年，他创建了神经扫描公司，这家企业后来成为神经学研究领域最主要的 EEG 设备和软件供应商。2008 年，史蒂夫又建立了桑兹研究公司，专门发展神经营销学方面的业务；这是一个全新的领域，核心是利用行为和神经生理学数据来跟踪大脑对广告的响应。"任何刺激都会引发响应，无论是广告、有意识的活动——那些我们能说出来的东西——还是潜意识活动，"他曾经写道，"但是，传统的市场研究方式完全无法追踪人们的潜意识响应。"如果大脑中的一簇神经元被某种刺激因素——图片、声音、气味、触碰、味道、疼痛、快感或情绪——激发，它就会产生一个微小的电信号，这代表大脑皮质中发生了某种神经进程，例如记忆、注意、语言处理或情绪。史蒂芬的 68 通道全频带 EEG 扫描仪能定位这些电信号出现的脑区，帮助我们确认刺激造成的影响，从大脑的整体响应到认知、注意力、视觉或听觉刺激的等级、是否调用了受试者的运动技能以及脑部认知和记忆回路的响应强度。"利用 EEG 扫描和眼动追踪技术，我们可以得到一些独特的全新数据，实时反映受试者如何处理媒体信息或现实环境。"史蒂夫说。

如何衡量推广活动的效果，一直是广告界的难题，所以史蒂夫的数据逐渐得到了人们的重视。桑兹科研公司为全世界的顶尖公司提供广告影响研究服务，他们最广为人知的成果大概是"超级碗广告神经学年度排名"；超级碗赛事广告的价格高达每 30 秒 380 万美元，桑兹科研公司通过测量观众的神经响应来衡量广告效果，编制了这份排名。（史蒂夫的团队评测过许多广告，其中包括著名的科罗娜啤酒广告：画面中的人们背对镜头坐在海滩上，眺望远处湛蓝的海水和雪白的沙滩，科罗娜啤酒摆在人群中央的桌子上。广告里没有任何配音，只有海浪拍打沙滩的轻响。这则广告让科罗娜啤酒声名鹊起，它将这个品牌与热带海洋的闲适牢牢地联系在了一起。)

出发前往外滩群岛的几个月前，桑兹科研公司的事业发展经理布雷特·菲兹杰拉德找到了我。布雷特是个"户外型"的家伙，他曾在蒙大拿州和熊一起工作。他听说我正在做水科学和神经科学的综合交叉研究，想联系我看看有没有合作的机会。在我还不知道的情况下，他已经登上了飞往加州的航班，我们两在我家北面的海岸边碰头，聊了聊"大脑与海洋"的话题。不久后我就踏上了飞往北卡罗来纳的旅途。

今天布雷特让我佩戴的 EEG 设备能够探测人类脑部活动，精确度堪比功能性磁共振成像（functional magnetic resonance imaging, fMRI）。这顶"绣花泳帽"中的电极每秒取样 256 次，通过分析放大后的数据，神经学家可以实时看到有哪些脑区受到了刺激。通常情况下，这些数据主要是用来追踪购物者的神经响应，比如说，消费者在沃尔玛里注意到了货架上的某个新产品。不过现在，我头顶上这顶帽子里的 68 个电极测量的是我一头扎进大海里时脑子里的每一个神经性起伏。这次实验是此类设备首次运用于水环境下，我真的有点紧张，一方面是担心 EEG 技术和海洋不兼容（我不是含沙射影），另一方面是出于对未知的恐惧。布雷特也有同样的担心——这顶帽子和它配套的扫描设备可不便宜。未来我们或许会看到能在水下工作的防水版脑电波扫描仪，甚至连冲浪者都能佩戴。可是现在，我们只能祈祷码头上的盐雾环境不会对设备和我造成太大的损伤。

此前我们一直无法深入研究人类大脑和海洋，直到最近，这种新技术才带来了一丝曙光。这些技术拓宽了我们对人类意识的研究和理解，科学家可以更细致地探索知觉、情绪、同理心、创造性、健康和治疗，以及我们与水的关系。几年前我为人类和水的这种关系起了个名字——蓝色思维，它描述的是一种温和的冥想状态，在蓝色思维中，你感到平和、宁静、和谐，这一刻，幸福感和满足感油然而生。能够触发蓝色思维的不仅仅是水，还有其他许多相关的元素，比如"蓝色"以及其他我们用来描述水或浸润状态的所有词语。我们天生爱水，这源于数百万年来形成的神经联系；多亏了锐意进取的科学家和先进的技术，仅仅在目前，我们就已经发现了不少与水有关的大脑模式和偏好。

近年来，"正念"的概念逐渐进入主流视野。这个来自东方的概念曾被视作填补精神空虚的小众把戏，可是现在，人们觉得它好处多多。专注与感知是蓝色思维的标志性特征，今天，从教室到会议室再到战场，从医生办公室到音乐厅再到全世界的每一片海滨，人们都在追求这些特质。疲累生活中的诸多压力让我们的追求变得更加迫切。

水的确对我们有着神奇的影响力，但这并不意味着它可以取代帮助我们走向正念的其他方式；恰恰相反，水能够补充、提高、扩展已有的道路。不过，这本书不是冥想实用指南，我也不会详细分析其他有助于正念的方法。打个与水有关的比方，这本书是罗盘，是船只，是风帆，是风向标。在这个时代，每个人都被压力和技术环绕，远离了自然的世界；职业窒息、个人焦虑和医院账单压得我们喘不过气，隐私被挤压得躲藏无地，解脱看似遥不可及。事实上，约翰·杰罗姆曾在《蓝色房间》（*Blue Rooms*）一书中写道，"清晨的一跃仪式感十足，入水那

蓝

色

思

维

一刻的小小存在感完全属于个人。游泳是我和水之间的私事，不容其他任何事物掺杂。被水包裹的那一刻，我对孤独心满意足。"打开蓝色思维，休憩的港湾就会出现在你眼前。

为了在这片深海中找到正确的道路，过去几年来，我汇聚起了一批来自各行各业的人，包括科学家、心理学家、研究者、教育家、运动员、探险家、商人和艺术家。我们共同思考一个基本的问题：大脑是人体内最复杂的器官，水是这颗星球上最无所不在的物质，当这两者相遇，会发生什么？

作为一名海洋生物学家，我对水和陆地一样熟悉。我相信，海洋、湖泊、河流、池塘乃至喷泉都会深深影响我们的意识。我们本能地知道这一点，所以科罗娜啤酒才会把广告场景设置在海边，而不是其他什么地方，比如说畜牧场里。把生命中最重要的时刻安排在近水的地方仿佛是件天经地义的事。但这是为什么呢？

我站在码头上望向辽阔的大西洋，想象大海的景象、声音和气味正在怎样影响我的大脑。我花了一点时间来品味自己内心深处浮现的各种感觉。我知道，对某些人来说，大海会带来压力和恐惧；可是面对大海，我感觉到的只有敬畏和一种深邃、真实、令人振奋的宁静。我深深吸了口气，想象自己纵身一跃，带着身后的电缆一头扎进码头下的波涛之中。EEG 的读数将忠实地反映我在入水那一刻的恐惧与愉悦。我想象桑兹博士坐在显示器前，紧盯着滚动的数据洪流。

水淹没了光线、声音、空气以及我的全部思维。

水吸引着我们，诱惑着我们。这不奇怪：它是世界上分布最广泛的物质，也是我们所知的生命赖以存活的最基本的元素，和空气一样。你或许不知道，这颗星球上超过一半的氧气来自海里的浮游生物。地球上的水总体积大约有 3.325 亿立方英里（约 13.8 亿立方千米），其中 96% 是咸水。水覆盖了地球上超过 70% 的表面积，其中 95% 的水域是未经探索的处女地。从 100 万英里外眺望，我们的星球就像是一颗小小的蓝色大理石球；要是距离拉长到一亿英里，它就变成了一个灰蓝色的小点。"海洋的面积这么大，我们却叫它'地球'，这真是太不合理了。"作家阿瑟·C.克拉克曾俏皮地评论道。

蓝色大理石球的简单比喻有力地提醒了我们，这是一颗水做的星球。"水是生命的必要条件，而且它广泛地存在于宇宙中，所以 NASA 在寻找外星生命时采取'跟着水走'的策略是很合理的，"加州芒廷维尤 NASA 埃姆斯研究中心的太空生物学家林恩·罗斯柴尔德告诉我，"水或许不是生命唯一的解决方案，但它至少是一种很棒的基本资源，因为它分布广泛，保持液态的温度范围宽广，固态的冰还能漂浮在水面上，创造出冰封的湖泊和卫星，地球上的生命都离不开水。"

无论是在宇宙中还是在地球上，人类总是逐水而居。全世界大约 80% 的人口都生活在距离海洋、湖泊或者河流 60 英里以内的地方。超过 10 亿人的生计直接依赖于水，全球 2/3 的经济体量来自与水有关的活动。全世界大约有 10 亿人主要依赖水产品提供蛋白质。（鱼和贝类提供的大量 ш-3 脂肪酸很可能在人类大脑的演化中扮演了极其重要的角色。在后面的章节中我们还将谈到，目前全球的海产品市场遍地开花，哪怕在几十年前，这样的局面都很难想象。）水可以用来饮用、清洁，也可以帮助我们工作、再创造，甚至还能带着我们旅行。根据美国地质调查局的研究，每个美国人每天要消耗 80～100 加仑（约 302～380 升）的水才能满足"基本需求"。2010 年的联合国大会宣布："获得安全清洁的饮用水是一种基本的人权，它对快乐的人生至关重要。"

不过，我们天生爱水，这远远超越了经济、食物或者居住便利的层面。我们的祖先离开大海，告别游泳，开始爬行，最后学会了行走。人类胎儿在发育早期仍保留了"鳃裂"的结构，生命最初的 9 个月里，我们一直沉浸在母亲子宫内"充满水"的环境里。出生以后，我们的身体大约 78% 的成分是水。随着年龄的增长，这个比例会降低到 60% 以下——但大脑的含水量依然高达 80%。人类身体的整体密度和水差不多，所以我们可以漂浮在水面上。我们细胞内的水包含的矿物质成分和海水差不多。人类学家罗兰·埃斯利曾经写道，人类"其实是水超越河流束缚的一种方式"。

水启迪着我们——我们聆听水的声音，闻到水在空气中的气息，在水中玩耍嬉戏，在水边悠然漫步，描摹水景，在水中冲浪、游泳、垂钓，撰写与水有关的文字，拍摄水的照片，在水边留下隽永的回忆。事实上，纵观历史，你不难在文学、艺术和诗歌中看到我们与水的深厚关系。"水中的我是美丽的。"库尔特·冯内古特曾经写道。水能带给我们力量，既包括物理层面上的液压力和水合作用，也包括精神层面的鼓舞：泼溅在脸上的冷水令我们振奋，波浪拍打海岸的温柔旋律总能让人平静下来。千百年来，温水浸泡一直是休养身心的良方。我们的许多决策都与水有关——从吃到嘴里的海产品，到人生中最浪漫的时刻；从我们住的地方，到我们喜欢的运动，再到我们度假休闲的方式。"有史以来，水一直是自然给人类的恩赐，它对每个人的意义都非比寻常。"考古学家布莱恩·法根写道。我们本能地知道，水能让我们更健康、更快乐，它能减轻压力，也能带来宁静。

1984 年，哈佛大学的生物学家、博物学家兼昆虫学家爱德华·O. 威尔逊提出了"亲生命性假说"（The Biophilia Hypothesis），他认为，与自然和生命亲近的愿望"根深蒂固地"存在于我们的意识深处。威尔逊说，这是因为在纵贯 300 万年、绵延 10 万代以上的人类演化史中，在人类开始形成社群、修建城市之前，我们的绝大部分时间是在自然界中度过的。因此，我们本能地爱着大自然中的一切。就像孩子依恋母亲，人类对自然的依恋出于生存本能。我们本能地爱着母亲，无论是从物理层面、认知层面还是感情层面，我们都与自然息息相关。

你不是这个世界的外来者，你来自这个世界，就像波浪来自大海。在这里，你不是异乡人。

——阿伦·沃茨

对自然母亲的偏爱深深影响了我们的审美。已故哲学家丹尼斯·达顿专注于研究艺术与演化的交互关系，他相信，我们之所以会认为某些景色"美丽"，归根结底是因为这些地貌有利于人类这个物种的生存。在 2010 年的一次 TED 演讲中，达顿以"达尔文式的美学理论"为题，阐述了演化心理学领域的发现和 1997 年一次当代艺术偏好调查的结果。他发现，如果要求人们描述一幅"美丽"的景色，所有人提到的元素都差不多：开阔的空间，低矮的草原，偶尔有树木点缀其间。如果把水加入这个场景中——无论是直接出现在视线里，还是远处有一抹看起来像是水的遥远蓝色——人们对它的向往会立即直线上升。达顿总结说，这幅"通用地貌"包含了人类生存必需的所有元素：草和树能提供食物（它们还能吸引可食用的动物）；开阔的地貌有利于及早发现危险（敌人或者掠食者）；情况紧急时你可以爬到树上；不远处的水则代表触手可及的资源。2010 年，英国普利茅斯大学的研究者要求 40 位成年人给 100 张呈现不同自然和城市景观的图片打分。结果他们发现，无论是在自然地貌还是在城市环境中，与没有水的图片相比，所有有水的图片在提升情绪、偏好和滋养身心各方面都能得到更高的分数。

科学教育家马库斯·埃里克森曾驾着一条完全由塑料瓶制成的小船从美国的太平洋海岸前往夏威夷，他扩展了达顿的假说，将海岸、湖岸和河岸也囊括了进来。埃里克森提出，开阔的大草原能让我们及早发现危险，基于同样的道理，海边的居民也能远远看到跨海而来的掠食者或敌人。傍海而居有个好处：岸上的掠食者基本不会从水面上来，而大部分海洋掠食者根本无法上岸。更棒的是，水里或近水区域里的食物和原材料都比内陆丰富得多。埃里克森还提到，岸上可食用的动植物在冬天可能会消失，但一年四季，我们的祖先都能从海里捕捞鱼类和贝类。而且水是流动的，人类祖先不必长途跋涉去寻找食物，只需要沿着海岸或河岸搜寻被水流冲上来的东西就能维持生计。

在漫长的演化过程中，人类形成了对近水地貌的偏爱，基于同样的道理，对环境的需求也塑造了我们的大脑。事实上，根据分子生物学家约翰·梅迪纳的研究，人类大脑的演化方向一直是"能在不稳定的户外环境中解决与生存相关的问题，并且能够在不断的变化中完成这个任务"。想象一下，如果你是智人的先祖之一，生活在20多万年前的一片理想的大草原上。就算你和家人已经在这片区域居住了一段时间，你依然需要警惕任何可能的威胁，一刻不停地搜寻食物。每天都会有新情况出现——天气、动物、水果和其他可食用的植物。某种食物资源吃完了，你就得寻找新的；这意味着你需要不断地探索周围的环境，了解自己在哪里、周围有哪些食物、哪儿有水源。也许你会发现新的植物或动物，其中有的可以吃，有的不能吃。你从错误中学习，哪些东西可以采集，哪些东西应该避开。在这个过程中，多种因素改变、塑造着你和孩子的大脑，包括你的个人经验、社交和文化互动以及周围的自然环境。如果你能够活下去，有机会繁衍后代，那么这些新形成的大脑回路就有一部分会传给后代，于是人类的大脑变得越来越复杂。与生存有关的其他信息还会以故事和歌谣的形式代代相传。

动物通过传递身体内外的信号来协调自身活动，在这个过程中，神经系统扮演了重要的角色。这套系统由特殊的细胞——神经元组成，不同动物神经系统的规模和复杂度各不相同，最简单的蠕虫只有几百个神经细胞，加州海兔这种软体动物的神经元体积庞大，正是出于这个原因，最近 50 年来，它成了神经学家的最爱）拥有大约 2 万个神经元，而人类的神经细胞多达 1000 亿个。在后面的章节里，我们将详细介绍人类的大脑和 DNA，不过在这里，在离开大草原上的智人祖先之前，我们还得说一件重要的事情：千百年来，人类大脑一直在不断地变化和发展，与此同时，从出生到死亡，我们每个人的大脑也在不断变化发展。始于二十世纪七八十年代的一些关键研究表明，人类大脑一直在不断演化——神经元生长、建立连接然后死去。大脑的物理结构和功能性组织都是可塑的，在我们的一生中，个人的需求、注意力、感官输入、强化、情绪和其他很多因素都会影响和改变大脑。大脑的神经可塑性（不断创造新的神经网络、改造已有网络、消灭无用网络的能力。由于行为、环境或神经进程的变化，有的神经网络会失去原来的作用，变成废物，这时候就需要把它们消灭掉）让我们得以学习、形成记忆、恢复功能（比如你的视力或听力因某种原因受损）、战胜坏习惯、变成更好的自己。正是由于这样的神经可塑性，小提琴家的大脑里与控制手指有关的区域才会远远大于常人，为应付考试而学习也能真正地增加你的脑子里与这个学科有关的皮质空间（一般来说，更复杂的功能需要更多的脑质去完成）。我们后面还将看到，神经可塑性还与一些负面的行为有关，例如强迫症。

在这本书里，"神经可塑性"还将出现很多很多次，因为它是蓝色思维理论的基本前提之一：我们精彩的大脑重达 3 磅，含水量接近 80%，很多因素都可能对大脑造成影响，包括你自己的期望、情绪、生理变化、文化和环境。

　　"幸福"这个词也会反复出现。从人类给各种情绪起了名字以来，"追求幸福"一直是我们的核心目标之一；古代的哲学家曾为幸福的原因和用处争执不休，作曲家、作家和诗人也创作了无数与幸福有关的故事。进入 21 世纪以来，对幸福的追求更是成为衡量生活质量的最重要的标准之一。"幸福是所有人共同的渴望。"约翰·F. 赫利威尔、理查德·莱亚德和杰佛瑞·D. 萨克斯在 2013 年的联合国《世界幸福报告》中写道。这份报告给出了 156 个国家的居民幸福指数排名。[1] 这个目标十分关键："无论是目前还是在未来，感觉更幸福、生活更满意、周围的社区幸福度更高的人身体更健康，产出更高，社会关系也更融洽。这些积极因素又会进一步影响他们的家庭、工作场所和社区，为所有人带来好处。"[2]

　　既然幸福有这么多好处，谁会反对呢？因此，无数介绍幸福的书籍、关于幸福的文献（和故事）、各种各样的幸福研究淹没了我们。后面的章节里我们也将介绍一些相关研究，讨论水为什么总会带来幸福，不过一言以蔽之，更强的个人幸福感能让人际关系变得更加融洽，提高我们在工作中的创意、成效和效率（并带来更高的收入），增强我们的自控力和处理冲突的能力，赋予我们更多的慈悲心、合作意愿和移情能力，[3] 提高免疫力、改善内分泌和心血管系统，降低皮质醇水平和心率，抑制感染，减缓疾病发展进程，增加人类寿命。[4] 研究表明，人们体验到的幸福会向外扩散，不光能影响我们认识的人，还会影响朋友的朋友（或者说，著名的六度分离理论中的三度）。[5] 幸福的人认知能力更强，注意力更集中，决策更合理，更会照顾自己，也能更好地扮演自己的社会角色，无论是作为朋友、同事、邻居、配偶、父母还是公民。[6] 蓝色思维不仅让你在水边露出微笑，还能让你在任何地方都笑口常开。

水 和 我 们 的 情 绪

有的人热爱海洋，有的人恐惧海洋。我爱它，恨它，害怕它，尊敬它，怨恨它，珍惜它，讨厌它，也常常诅咒它。它激发出我最好的一面，有时候也让我看到自己最糟糕的一面。

——罗兹·萨维奇

除了演化上的联系以外，人类和水之间还存在深厚的感情联系。水让我们愉悦，也启迪着我们（巴勃罗·聂鲁达："我需要大海，因为它是我的老师。"）。它抚慰着我们，也恐吓着我们（文森特·梵高："渔夫知道大海的危险和风暴的可怕，但这样的风险永远也无法阻挡他们深入那片汪洋。"）。它令我们敬畏，也带来平静和愉悦（海滩男孩："征服一道波浪，你就登上了世界之巅。"）。不过无论何时，人们想到水——或者听到水、看到水、进入水中，甚至品尝到水的味道，闻到水的气息——的时候，总会心有所感。这些"来自本能的情绪响应……与任何合理的、认知性的响应全然无关"。1990年，城市规划学教授史蒂芬·C. 布拉沙在《环境与行为》（*Environment and Behavior*）上发表的那篇颇具影响的文章中写道。这种对环境的情绪响应来自我们大脑中最古老的部分，事实上，它可能出现在所有认知性响应之前。所以，要理解我们与环境的关系，我们必须厘清人类与环境的认知互动和情绪互动。

我觉得这套理论很有道理，正如我总是着迷于我们为何爱水的故事与科学。不过，作为一名研究演化生物学、野生动植物生态学和环境经济学的博士在读生，当我试图在探讨海龟生态学与海滨社群关系的论文中加入一点个人的情感因素时，我发现学术界根本不愿意接纳任何情感。"不要把这些模糊的东西掺杂到科学里来，年轻人。"老师语重心长地告诫我。情绪没有理由可讲，它无法量化，所以不是科学。

不过，局面已经发生了巨大的变化，堪称沧海桑田：今天的认知神经学家已经开始明白，情绪几乎驱动着我们的每一个决策，从早上吃哪种麦片，到晚宴上我们愿意坐在谁身边，再到景色、气味和声音对情绪的影响。现在，神经科学界正在努力探索所有东西的生理学基础，从政治倾向到颜色偏好。他们利用各种工具（例如 EEG、MRI 和 fMRI）来观察大脑在听到音乐时的响应，大脑与艺术的关系，偏见、爱和冥想背后的化学过程，如此等等。人类为何会以现在的方式与世界互动，这些锐意进取的科学家每一天都有新的发现。现在，一部分科学家开始探查我们与水的关系背后的脑活动过程。他们的研究不光能满足智力方面的好奇心，还能对现实产生深远的影响——包括健康、旅行、房地产、创意、童年期发展、城市规划、成瘾和创伤治疗、自然保育、商业、政治、宗教、建筑等许多方面。最重要的是，这些研究能让我们进一步理解自己是谁，地球上这种无所不在的物质又是如何塑造了我们的思维和情绪。

蓝

色

思

维

　　为了寻找渴望探索这些问题的人们，我离开了下加州的海龟栖息地，走进斯坦福、哈佛和埃克塞特大学的讲堂，走进德克萨斯州和加州为患有PTSD（创伤后应激障碍）的老兵开办的冲浪、钓鱼和皮划艇训练营，遍访全世界的河流湖泊甚至游泳池。无论我走到哪里，甚至在飞机上，总会有人和我分享与水有关的故事。当说到第一次探访某个湖泊，或从洒水车喷出的水雾中跑过，从小溪里抓到一只乌龟或青蛙，拿起钓鱼竿，和朋友、父母一起在岸边漫步时，他们的眼睛闪闪发光。我开始相信，这些故事对科学很重要，因为它能够帮助我们理顺各种事实，建立可理解的背景环境。情绪与科学之间泾渭分明，毫不相关？是时候放下这样的老观念了——为了我们自己和我们的未来。正如所有河流终将汇入大海一样，要理解蓝色思维，我们也需要把各条支流汇集起来：分析与影响，激情与实验，头脑与心灵。

　　美洲原住民图霍诺·奥哈姆人（意思是"沙漠里的人"）主要居住在亚利桑那州西南部和墨西哥西北部的索诺兰沙漠里。在亚利桑那大学念研究生的时候，我曾经带着图霍诺·奥哈姆部族的少年穿过边境去科尔蒂斯海（加利福尼亚湾）。很多少年以前从来没见过海，他们大多数人都对这次行程毫无准备，无论是从心理上还是物质上的。其中一次有好几个孩子没带泳裤——他们根本就没有这玩意儿。所以我们坐在佩尼亚斯科港潮汐池旁的海滩上，我掏出一把刀子，让所有的人当场把自己的裤腿割掉。

　　我们在浅水中戴上面罩和呼吸管（我们为所有的人都准备了足够的设备），给他们上了一堂如何使用呼吸管的速成课，然后正式潜入水里。片刻之后，我询问一位年轻人感觉如何。"我什么都看不到。"他说。原来他在水里一直闭着眼睛。我告诉他，头埋在水下的时候也可以安全地睁眼，于是他重新回到水里，开始四下张望。突然间他蹦了起来，一把扯掉面罩开始大声嚷嚷水下有好多鱼。他又哭又笑，大声叫喊，"我们的星球真美！"然后他重新戴上面罩，一头扎进水里。接下来的一个小时里，他再也没说过哪怕一句话。

在我的记忆中，那天的一切如水晶般清晰。我不敢打包票，但我觉得，在那个孩子的记忆中，那一天也同样刻骨铭心。对水的热爱在我们身上打下了不可磨灭的印记。他与水的第一次邂逅和我一模一样，仿佛昨日重现。

蓝　色　思　维　的　起　源

旧金山是一座三面环水的城市，2011年，我在那里与一群神经学家、认知心理学家、海洋生物学家、艺术家、保育者、医生、经济学家、运动员、城市规划者、房地产中介和厨师一起，探索水以何种方式改善我们的大脑、身体和心灵。我明白，一些富有创见的思考者已经开始试图拼凑与水的强大影响有关的零散知识，但在此之前，他们一直在各自为战。从2011年开始，蓝色思维集会成为一年一度的正式会议，越来越多的相关研究（涵盖意识、身体、环境等各个领域）汇聚成流，不断催生令人耳目一新的洞见，共同促进人类与这颗水星球的互动。大脑和海洋同样深邃、复杂、微妙，我们对二者的探索和了解也同样少得可怜。不过，在这个时代，执着的科学家和探索者正在不断揭开大脑与海洋的秘密。来自不同领域的研究者各显神通，从不同的角度探索水和人类的关系，他们的合作成果让我们越来越深地体会到蓝色思维在生物学、神经学和社会学各方面的积极意义。

每年都有更多的专家加入我们的行列，将脑科学和水世界之间散落的碎片连缀起来。这不是"救救海豚"之类感情丰沛的保育活动，我们讨论的是前额叶皮质、杏仁体、演化生理学、神经成像和神经功能等更具体的东西，通过这些领域的研究，我们从更深的层次去发掘人类爱水的原因。而且，这些新知完全可以应用于现实世界的方方面面，包括教育、公共政策、医疗保健、沿海规划、旅游、房地产和商业——更别提还有人类的幸福和整体福祉。但是，科学也有个人化的一面，研究科学的人会有自己的观点、偏见、突破和洞见。

后面的几次蓝色思维大会都在大西洋或太平洋岸边的城市举行，科学家、从业者和学生不断分享自己的研究工作和生活，一起讨论、创造、深入思考。我们编制的文档包括事实（"我们认为自己已经知道的东西"）、假说（"我们希望探索的东西"）和教材（"我们希望分享给大家的东西"）。2013年的蓝色思维大会在布鲁克岛举行，会上我们讨论了许多主题，例如多巴胺能量通路、塑料微粒和持久性有机污染物、听觉皮质生理机能、海洋酸化；对参加会议的每个人来说，每一次讨论都像一场庆典那么快乐。黎明时分，我们望着蓝光闪烁的大西洋齐声歌唱；到了晚上，大海变成了一匹光亮的黑缎，我们喝着酒，聆听前罗德岛桂冠诗人丽莎·斯塔尔的杰作。

"听着，亲爱的，" 它呢喃低语。

"你只是觉得

自己忘却了那不可能之事。"

"现在，去吧，去往淡水池塘那头的

沼泽，想想红色的嫩芽

如何转为猩红；

看看为了这一天，

它在做怎样的准备。"

这是诗，也是科学；这是科学，也是诗。大海与海洋也一样，还有河流与池塘，游泳池与温泉——我们每个人都需要一点诗意。

我们还需要别的很多很多东西——或者说，在某些情况下，我们需要的其实比你以为的要少得多。太多人生活在层层重压之下——工作、人际冲突、技术和媒体的入侵，这一切都令人窒息。我们什么都想做，最终却不堪重负。我们在午夜检查语音邮件，在凌晨打开电子邮箱，而在其他的时间里，我们在网页中游荡，打开一个又一个病毒般的流行视频。我们永远感觉筋疲力尽，无论是在工作中、在家里还是在游乐场上，我们总是无法做出正确的决定，总是害怕被甩在后面。我们日渐虚弱，因为我们总是没时间照顾自己；在所谓的"闲暇时间"里，我们忙着处理各种电子邮件、报告和会议，我们紧跟时代脚步，忙于弥补过失，生怕落后。我们不断试图戒掉某种嗜好，然后很快染上了另一样。我们对爱人说出不该说的话，喜欢不该喜欢的东西，被动地接受眼前触手可及的事物，因为这样最方便快捷。我们为找借口而找借口，却仍无法阻挡滚滚而过的洪流。这一切让我们付出了高昂的经济代价，因为"在全世界范围内，很大一部分是能源与压力以及与压力相关的疾病"。[7]

我们其实不必如此。本书中那些冲浪者、科学家、老兵、渔民、诗人、艺术家和孩子的故事将让你看到，水会让你的生活变得更好。他们在蓝色思维里等你。

是时候一头扎进去了。

水 与 大 脑：
神经科学与蓝色思维

神经学家正在利用现有的一切方式研究人类行为和
情绪的方方面面。但是不知为何，我们与水的互动
却被忽视了。

　　大脑与海洋同样幽深入微，亟待探索。我们努力寻找合适的方法，进一步理解这两个领域。我们为它们的神秘及内在的奇妙韵律所吸引，渴望找到一种语言来描述它们。

　　——戴维·珀佩尔博士，心理学与神经科学教授，纽约大学

　　冲浪者若奥·德·马科多在冲浪板上等待，现在他离岸边大约有 300 英尺。他看起来相当悠闲，不过实际上，他一直在警觉地观察下一波海浪的蛛丝马迹。平滑微涌的海面意味着适合驾驭的海浪即将到来，一旦发现这种迹象，冲浪者心里的期待就会激发另一波浪潮——身体与大脑内部的神经化学物如潮水般涌起。浪潮徐徐上升，他本能地站上冲浪板，利用历经千百道波涛锤炼的大脑寻找最佳切入角度。在他潜入浪袋子的那一刻，爆发的多巴胺淹没了神经元。马科多钻进洋溢着蓝绿色冷光的水中隧道，海浪的声音与气息包围了他；他小心翼翼地调整冲浪板和身体的姿态，尽力延长在海浪中翱翔的时间，湿漉漉的空气从他的皮肤上滑过。负责快感的神经递质——肾上腺素、多巴胺、内啡肽——一波波拍打着他的大脑和身体。浪冠劈头盖脸砸下来之前的一瞬，他从浪袋里冲了出来。他笑

了，或许是放声大笑。然后，他回头越过浪巅，俯身跳下冲浪板，游向外海寻找下一道海浪和下一波汹涌的多巴胺。

马科多脸上的笑容无声地告诉我们他刚才体验到的战栗和愉悦。通过这样的面部表情，以及诗歌、文学作品和各种各样的描绘，人类记录下了水对思维和身体的影响。不过，直到大约 20 年前，科学家才开始深入研究，在我们与世界和自身的方方面面发生接触的时候，大脑到底在干什么。如今，神经科学领域迎来了爆炸式的发展，研究者事无巨细地跟踪我们在做各种事情时的脑部活动，包括吃饭、喝水、睡觉、工作、发消息、接吻、锻炼、创造、解决问题、玩耍，等等。只要有人做的事情，就有人研究，科学家试图弄清楚某个特定的活动到底会激发哪些神经回路和神经递质。

有人说，这个大脑研究的新时代是"神经科学的黄金年代"。不过，尽管这些研究颇有新闻报道价值（彩色的脑部扫描图像也让我们更容易接受这些研究的结论），任何合格的科学家都不得不承认，在理解人类大脑活动过程的道路上，我们才刚刚迈出小小的一步。2011 年，著名的神经科学家 V.S. 拉马钱德兰表示，目前我们对大脑的理解"大约相当于 19 世纪人类对化学的理解，也就是说，不太多"。直到现在，情况依然如此。

不过，就连这个"不太多"也远远超越了过去两千年来我们对大脑工作机制的理解。毫无疑问，10 年、20 年或者 50 年后，今天的许多研究和结论会被证明是错的。这就是科学：你细心观察周围的世界，提出一个假说，设计实验或研究、利用已有的技术来证明或证伪自己的观点，然后根据得到的结果归纳出结论。不过，这轮研究的浪潮最激动人心的地方在于，它努力探索了人类对世界的主观体验背后的生理学、化学和结构性过程。当你看到爱人的脸庞，或者站在船头凭栏远眺时，你的脑子里发生了什么？当你灵感勃发，或者试图戒瘾的时候，哪些神经回路会被激发？在大脑实时过滤、认知、阐释环境信息的过程中，大脑自身也会受到环境的深层影响吗？这些对大脑机制的理解能不能帮助我们激发创意、酝酿爱意、消除压力、走向幸福？

如前所述，神经学家正在利用现有的一切方式研究人类行为和情绪的方方面面。但是不知为何，我们与水的互动却被忽视了。（试试看：找一家最近的书店或图书馆，扫一眼那些关于神经科学、心理学或心理自助的流行书目录，看看有多少与水有关的东西。）所以，在本章中，我们将审视大脑与水有关的几个重要方面。不过首先，我们应该谈谈脑科学的基础知识。

我 们 如 何 研 究 大 脑

我们做的每一件事、产生的每一个想法都来自大脑。但大脑到底是怎么运作的？这仍是科学界最大的谜团之一。而且，我们探索得越多，发现的惊喜似乎也越多。

——尼尔·德葛拉斯·泰森，天体物理学家

人类一直对大脑的机制有着无限的好奇。从 19 世纪末到

20世纪初，西格蒙德·弗洛伊德、威廉·詹姆斯等科学家和理论家以患者自述的体验为基础（直到今天，受试者自述的体验在脑科学研究中依然至关重要），加上对人类行为的临床观察，他们试图描述人类思维和感觉的运作流程。医生的信息来源也相当丰富。事实上，在20世纪以前，我们对人类大脑的认识主要来自大脑在生病或受伤后出现的异常情况。不过，通过观察大脑的异常情况来反推它的正常机能是一回事，真正观察大脑在我们思考、睡觉、感觉、创造或者与外界互动时的响应，又是另一回事。我们能通过哪些方式来研究正常的人类大脑呢？

非侵入式技术和设备的发展让科学家得以追踪正常人类大脑的活动。在这类设备中，最早出现的是脑电图（EEG）仪。活组织会释放电信号，基于这一原理，1924年，EEG设备开始应用于人体。整个20世纪里，EEG记录仪既是诊断工具，也是科研设备。

大脑中的神经元被刺激时会产生微量电荷，如果一组神经元同时受到刺激，它们会产生一道能被仪器探测记录的"电波"，这就是EEG的工作原理。受试者把嵌有EEG电极的帽子、网或者带子套在头上，科学家就可以搜集数据，监测脑内电波的起伏。（为了便于分析，仪器会放大信号。）EEG可以追踪大脑活动，定位并显示某个"认知事件"与脑部的哪一侧有关，记录脑波的类型（脑电波分为 α、β、θ、δ 等几种，每种各有明确的频率范围与响应强度，所以在睡眠研究中，EEG至关重要），探测异常活动（比如说，癫痫患者的脑波图会出现异常的波峰）。精密的EEG设备可以通过68个通道每4毫

秒（甚至更短）无创取样一次，记录脑部电活动的精度可达 1
毫秒。

认知神经学家发现，EEG 在研究某些脑功能时特别有用，
例如注意力、情绪响应、保存信息等。[1] 对我们这些在实验室
外面做研究的人来说，令人激动的是，EEG 类仪器正在变得
越来越小、越来越便携——有的 EEG 仪看起来就像是电脑游
戏玩家戴的耳机一样。不过，EEG 仪只能探测到大脑浅层的
电活动，更多关键的功能发生在大脑深处。为了探索这些活动，
我们需要其他工具。过去 50 年里，人们开始利用 MRI（传统
磁共振成像）、正电子发射型计算机断层扫描（PET）、单光子
发射计算机断层扫描（SPECT）等技术跟踪大脑深处的血流或
新陈代谢变化，据此描绘脑部活动图像。不过，MRI 仪只能
探测磁场和电磁波，PET 和 SPECT 扫描则需要注射放射性同
位素，这些问题限制了它们的用途。20 世纪 90 年代，新的技
术应运而生，它名叫"功能性磁共振成像"，简称 fMRI。

不同的任务会激活不同的脑区。更多脑活动需要消耗更
多的氧，因此流向这些区域的血液也会增加。和 MRI 一样，
fMRI 仪通过强磁场调整血液中氢原子内部的质子，然后用电
磁波打乱它们的排列。MRI 通过氢原子信号的差异来区分不
同类型的物质。富氧血液和去氧血液内的质子重排时会释放
出不同的信号——fMRI 探测的数据来源。受试者进行某项活
动，比如握紧一只手或者看一张特定图片时，fMRI 会扫描不
同脑区富氧血液与去氧血液的实时比例，或者说血氧依赖水平
（BOLD）差值。然后，仪器内置的计算机通过精密的算法解
析 fMRI 读取的数据，利用极小的三维单元（立体像素）将这

些比值重新表现出来。fMRI 使用不同的颜色来表示特定区域的能量活动强度，红色表示最高强度，紫色或黑色表示活动等级极低，近似于无。扫描图上的颜色越明亮，这片脑区就越活跃，所以我们常说，某片脑区被"点亮"了。

过去 20 年里，fMRI 逐渐成为认知学家、神经学家、神经生物学家、心理学家、神经经济学家和其他科学家研究脑功能的首选方式。不过，尽管 fMRI 是现有的研究脑功能的最佳工具之一（也是能够帮助我们探查脑部深层结构的为数不多的工具之一），它也存在一些局限。首先，fMRI 探查脑功能的方式是间接的。从本质上说，脑活动是化学和电的过程：神经元产生的电信号通过直接接触、突触或化学神经递质的方式在大脑中传播。这些活动需要氧气，而氧气是通过血液运送到大脑活跃区域的；fMRI 扫描测量的正是这些血流，而不是真正的神经活动。因此，虽然 fMRI 扫描能告诉我们激活的是哪些脑区，却无法揭示这些脑区被激活的原因。第二，fMRI 的空间分辨率很高，对脑活动的定位精度能达到 2 ~ 3 毫米以内，但是，由于血液流动的速度比神经活动慢得多（从神经元激活到对应脑区血流量增加，中间至少有 2 ~ 5 秒的延迟），对知觉或其他认知过程来说，fMRI 扫描的时间精度完全无法满足定性分析的需求。（与此相对，EEG 的空间分辨率很低，不过如前所述，它能够实时追踪电荷信号，时间误差能控制在 1 毫秒以内。）此外，不同的 fMRI 仪器有着细微的差别，它们使用的算法和立体像素（像素虽小，但仍比它代表的神经元大得多）的尺寸也各不相同，这都会造成问题。

对基于 fMRI 的脑科学研究来说，目前最主要的问题在于，它只能追踪受试者在实验室里的神经响应，无法测量日常环境中自然发生的认知活动。假如你是一位研究生，你志愿参加了一项基于 fMRI 扫描的研究。工作人员会要求你去某个实验室报到，并告诉你别戴任何金属制品，因为 fMRI 扫描仪配备了强磁铁。做过 fMRI 的朋友会告诉你穿暖和点儿，为了保护设备，扫描室里的温度很低。进入实验室以后，你会被工作人员领进扫描室里：甜甜圈状的巨型仪器矗立在房间里，中间的洞恰好能容纳人的身体。（幽闭恐惧症患者只消看一眼那个狭窄的入口就会觉得不舒服。）技师引导你躺在一张床一样的塑料板上，头部朝向甜甜圈入口。她告诉你这张床会向前移动，将你的头部和肩膀送到扫描仪里面。进入扫描仪以后，你会发现头顶有一面镜子，从镜子里可以看到电脑屏幕。实验开始后，你需要按照屏幕上的指示做一些事情，与此同时，仪器会记录下你的脑部活动。技师递给你一副耳塞，解释说扫描仪里面很吵；然后指给你看蜂鸣器的位置，如果你觉得不舒服无法继续，随时都可以按下按钮请求中止实验。她在你的头部下方和两侧各放了一个枕头，好让你的脑袋保持不动。"扫描过程中请尽量不要移动。"她叮嘱了一句，然后将你推入扫描仪。

到目前为止，这些流程都和 MRI 一模一样。不一样的是，实验开始以后，你不能光是躺在那里，你得看好头顶的镜子，伴随着 fMRI 启动的低沉响声，你会发现镜子里的屏幕亮了起来。你看着眼前闪过的一张张图片，跟随屏幕上的指示按动手边面板上的按钮。（有了眼球追踪技术以后，未来的志愿者或许能够歇歇手指头。）手头的任务占据了你的脑子，你不会太频繁地注意到周围的空间有多狭窄（这是件好事，不然的话，你很可能会按下蜂鸣器，让技师把你拉出去）。测试结束后，电脑屏幕熄灭，耳边的噪音也终于消失了。技师把你拉出去，感谢你拨冗参加实验，并请你预约下周的时间。你很冷，膀胱也胀得厉害，而且扫描仪里的噪音吵得你有点头疼——不过这都是为了科学，对吧？所以你同意了下周再来。

fMRI 让我们看到了大脑运作的大量细节，但它无法告诉我们人类是如何与真实世界互动的。它能够扫描受试者看到快乐、悲伤、恐惧或愤怒的人脸图片时大脑的响应，却无法追踪我们在大街上与其他人的互动；它能够揭示我们在解决数学问题或者选择食物饮料时的脑部活动，却无法探查我们啃着刚摘下来的又红又脆的苹果或者在噼啪作响的壁炉前喝一杯霞多丽——更别说在珊瑚礁上浮潜时的感受。正如认知神经学家兼听觉认知、言语感知、语言理解专家戴维·珀佩尔所说："自20世纪90年代以来，大部分脑部测绘工作都是利用 fMRI 完成的，目标是借助这些数据绘制大脑的完整地图。这样的努力值得赞赏，但地图并不是最终的答案，而是问题的开始。"所以，EEG 和 fMRI 或许是现有的研究脑部的最佳工具，这两种方法综合起来，堪称"取长补短"的完美解决方案；但是，也有像我这样的科学家，我们希望探查的领域无法通过实验室里的静态设备去完成，所以我们仍在寻找其他新技术，例如弥散张量成像（DTI）、光遗传学技术甚至穿戴式 FNIRS（功能性近红外光学成像）帽。DTI 利用水在大脑中的扩散来跟踪遍布大脑白质的神经元轴突（它是连接不同脑区的"电缆"），由此展现信息是如何在大脑中传播的；光遗传学技术利用能插入神经元的光敏基因暂时激活或抑制部分神经元，让研究者得以确认特定神经元的功能；而 fNIRS 设备让科学家能够直接读取受试者在真实情景中的脑部数据。

不过，要理解人类大脑与水的关系，今天的我们可以着重关注几个有价值的信息来源。首先，我们从自我报告的体验开始：人们在水边时有什么感觉？他们受到了什么影响？第二，我们可以把"自然影响认知"当作一个整体课题，看看水对认知的影响与自然界的其他事物有何不同。第三，我们可以把眼光放宽一点，看看其他领域的发现，例如认知神经学、神经生物学、环境心理学和神经化学领域，随时问问自己："这一点也可以套用在水和大脑的关系上吗？"

不过，我们应该从最基本的一个问题开始：大脑到底在做什么？

大　脑　到　底　在　做　什　么

它隐喻着大脑的组织形式。

——雷·库茨魏尔，作家、发明家、未来学家
人们问他为什么热爱海洋，他这样回答。

位于脊髓顶端的这团 3 磅重的脂肪和蛋白质不光主要成分是水，同时也被"水"包裹着：活细胞（包括保护神经系统免遭传染性病原体侵扰的免疫细胞）、葡萄糖、蛋白质、乳酸盐、矿物质和水组成了清澈透明的脑脊液，它为大脑提供缓冲，让

颅内压力保持在稳定的水平，并提供了足够的浮力，让大脑承受的有效重量从大约 1400 克降低到了 25 ～ 50 克（因此避免了大脑下部压力过大供血不足）。[2] 以单位重量计算，大脑是人体内消耗能量最多的器官，神经元之间的通讯和大脑日常的细胞维护需要占用全身 20% ～ 25% 的氧气和 60% 的葡萄糖。大脑里大约有 1.1 万亿个细胞，其中有 850 亿～ 1000 亿个神经元（我们称之为"灰质"），其他的大部分是轴突和神经胶质（"白质"）。神经胶质为大脑提供新陈代谢支持，比如说，用髓鞘（保护神经的白色蛋白质和脂质鞘）包裹传导信号的轴突、回收利用神经递质。不过，解剖学无法告诉我们大脑究竟在做什么。

要理解复杂的人类大脑，旧金山加州大学的霍华德·菲尔兹是一位很好的向导。菲尔兹一头灰发，笑容慈祥，极富感染力；他不仅是世界级的研究者，也是一位优秀的解说员。他告诉我，学界几乎每年都会爆出关于神经元的重大发现，不过要说这些细胞的作用，它们实际上是知觉与活动的编码器。菲尔兹说，神经元的细胞体实际上是电化学驱动的电子"开关"，通过轴突"电线"与脑子里错综复杂的网络连在一起。人类大脑中有几十上百亿个神经元，每一个都能与其他成千上万个神经元相连，它们共同组成了数万亿条神经连接。成团的神经元通过连接形成神经网络，我们每一个有意识或无意识的冲动、响应和想法都来自这张大网：从痒的感觉（然后你挠了挠鼻子），到"一切常规非常规的精神活动，包括参与、感知、记忆、感觉和推理"。[3] 它们还会触发神经化学物的洪流，调节我们面对压力时的情绪和行为。通过追踪每个人独特的神经网络，神经学家可以绘制出人类的脑部地图，不过，这样的制图工作非常困难，因为就算是实现同一个功能，在不同情况下调用的神经网络也很可能各不相同——比如说，用手把食物送到嘴边和握笔书写调用的神经网络各不相同。[4] 庞大的数量进一步增加了神经网络的复杂度——人类的神经元数量比最聪明的灵长类动物还要高出一个数量级——但是归根结底，最令人惊讶的还得数大脑高超的认知能力和超乎想象的灵敏度。

大脑如何处理每时每刻涌入感官的知觉"风暴"和其他刺激？还有，从本质上说，漫长的演化在大脑中刻下了哪些本能的反应？按照约翰·梅迪纳的说法，人类大脑的主要目标是"（1）在不稳定的户外环境中（2）解决（3）与生存相关的问题，并且（4）能够在不断的变化中完成这个任务"。[5] 要达到这个目标，大脑必须不断成长，适应人类在这个不断变化的危险世界中遭遇的各种挑战。在千万年的时间里，人类大脑时快时慢地演化，根据生存需求不断添加、改进认知功能。（每个人的大脑同样在一生中不断演化，根据需求添加、消除各种认知功能。）[6] 数百万年的演化赋予了人类大脑灵活可变的结构和强大的神经可塑性，最终，神经网络既能承担视觉、听觉、嗅觉等基本功能，也能演化出书写、言语、艺术和音乐等更高级的功能。[7]

实际上，我前面用的"最终"这个词并不准确，因为从理论上说，大脑固然受到物理层面的限制，但演化适应的过程没有终点。谁知道100万年后的人类会是什么样子，能做到哪些事情。不过毫无疑问的是，对大多数人来说，现在会带来演化优势或劣势的因素与数十万年前的已经大不相同。不需要博士学位你也能明白：塑造你的不光是周围的环境，还有每个人自己的心理过程和人际互动。的确，每时每刻我们都在经受大量信息的冲刷，这些信息的主要来源有几个：自己脑子里的想法、你很少注意到的身体感知（除非疼痛或愉悦引起了你的注意）、别人进入注意力范围引起的感知和神经化学物变化，还有来自周围世界的方方面面的刺激，看起来无穷无尽，多得令人窒息。

　　大脑到底是怎么把这些信号处理得井井有条的？它如何从感知的"噪音"中识别出生死攸关的信号？大脑之所以能做到这一点，是因为它特别擅长模式认知和预测。"人类大脑是一台卓越的模式探测器，"心理学家戴维·皮萨罗曾经写道，"我们通过各种各样的机制来发现物品、事件和人之间的隐秘关系。要是没有这些机制，冲刷感官的数据海洋对我们来说必然是散漫随机的。"[8] 我们时时刻刻都在有意识或（绝大部分情况下）无意识地扫描蜂拥而来的感官数据，将它们与我们已有的经历比对。[9] 大脑专注于它认为重要的东西（有时候是因为新信号匹配上了已有的模式，不过更常见的是，新信号不符合预期，所以可能代表危险）。大脑会根据过去的体验来阐释信息的含义，并预测它可能带来的后果。与有意识的"自由决策"不同，这种无意识的思维过程是自发的，我们无法对它进行自省、讨论、衡量或即时修正。

　　这样的预测通常发生在意识之下的层面，而且来得比有意识的想法快得多。正如贝勒医学院神经学家大卫·伊格曼在《隐藏的自我：大脑的秘密生活》（*Incognito: The Secret Lives of the Brain*）一书中所写的，"无数专门的机制运行于意识的层面之下——有的负责搜集感官数据，有的负责传递运动过程，其中大部分机制承担着神经系统的主要工作：综合信息，预测未来，决定现在该做什么。"[10] 投手掷出的棒球只需要 450 毫秒就能飞到本垒，它在空中飞过 60 英尺的短暂时间里，击球手需要处理海量数据。最重要的是，他必须做出挥棒 / 不挥棒的决策，更别提还得考虑球棒的速度和角度、根据环境的细微变化做出实时调整、观察场上其他队员的动作。考虑到运动员只有大约 200 毫秒来判断是否挥棒，这么点时间根本不够他有意识地调用已有的知识和经验来分析眼前的情况。而且在实际的球赛中，留给击球手考虑的时间往往连 200 毫秒都没有。不过，从 1901 年到现在，美国职业棒球大联盟的击球手在击球时做出较优决策的比例超过了 1/4。这些好球通常会把他们的队伍送入季后赛，或者送上世界冠军赛的舞台。

考虑到击中时速 95 英里的快球的难度，这样的成功率不可能是瞎蒙出来的。那么显然，击球的过程中有某种认知机制。可他们是怎么做到的呢？一旦大脑介入并开始分析数据，它就会决定该怎么做——是否需要采取某种行动。但是，人在以毫秒计的时间里能接受多少数据？所以，这个过程在很大程度上是基于试错。在我们采取任何行动之前，大脑会高速计算得失，然后根据行动的结果来修正之前的计算。熟悉的情况会强化已有的神经通路；但是任何一点新数据、新情况、新错误和新行动都会迫使大脑修正自己的模型，哪怕只有一点点。如果你曾数万次挥舞球棒，有时候你会有意识地调整自己的判断和动作，比如说教练给了你一些指点；但是与此同时，深层神经网络在你毫无觉察的潜意识里吸收这些以毫秒计的经验。到了某个阶段，有意识的思考会拖累你的进步：想得太多，你突然就失去了流畅的节奏，球打偏了，棒球砰一声砸到场边，你弹出了错误的音符——于是你出局了。

在我们的一生中，大脑一直在改变，为了有效完成需要的功能不断地创造、改进、抹除神经网络。正如"神经可塑性之父"迈克尔·梅策尼希所说："事实上，大脑皮质……会选择性地磨炼自己的处理能力，以满足手头的每一个任务。"这是个不可思议的动态过程，神经活动活跃的区域灰质体积也会增长。已有的神经网络之间也存在竞争关系，无用的网络会被削弱。如果你学过一门语言，多年后又试图重新捡起来，那么你应该了解这种感觉。

梅策尼希认为，从本质上说，神经可塑性是双向的：它会加强我们关注的那部分神经网络，同时削弱很少用到的区域。弹奏乐器、开手动挡汽车，这些较复杂的技能需要调用脑子里多个不同的神经网络。更有趣的是，如果你因为受伤（例如撞击）而失去了某些技能，那么随着大脑重新建立神经连接和路径，改变神经功能的指向，你可以找回这些技能。

大部分人脑子里都有几种典型的神经网络，但每个人的大脑地图都是独特的。（人脑连接组计划的下一个目标是追踪定位这些神经网络。该项目由美国国立卫生院 NIH 资助，参与机构包括华盛顿大学、明尼苏达大学、牛津大学等。他们采用的方式类似 20 世纪 90 年代测绘人体 DNA 的人类基因组计划，不过这一次，科学家利用的主要工具是脑部成像和一种名叫光遗传学的新技术，这种技术需要将特殊的分子注入脑部神经元，然后用光来控制神经功能的开关。）重要的是，你与环境的互动造就了与蓝色思维有关的神经网络——这个过程从胎儿期开始，至死方休。由于大脑具有神经可塑性，所以在一生中我们有足够的机会选择不同的环境，改变大脑接收的信号，从而重塑大脑。

　　要理解蓝色思维的力量，我们需要看得更远一点。从游泳池到癌症病区，从澳大利亚海滨到内陆城市，从500万美元打造的实验室到价值50亿美元的公司，这趟旅程十分漫长。不过，和所有旅程一样，我们得从家里出发——既是脑子里的那个家，也是放着床的那个家。

幸福的神经生物学基础

在不同的研究中，我们反复看到，自然环境能提升
我们的幸福度，而水又会进一步加强这一效果。

　　如果让你说说幸福的定义，你会怎么回答？午后的河上之旅？工作上的成功？健康快乐的家庭？冲浪板和完美的海浪？与心爱的人约会？暖乎乎的宠物，就像漫画家查尔斯·舒尔茨（"史努比"的创作者）那句名言说的一样？对我们大多数人来说，幸福的定义并不是一种单纯的感觉，而是能够产生这种感觉的情景和条件。因为对个体来说，幸福是非常主观的，而幸福的终极仲裁者总是"隐藏在一个人的内心深处"，心理学家戴维·迈尔斯和埃德·迪安纳说。[1] 的确，我们所说的"幸福"通常包含了多种不同的情绪。不久前，心理学教授兼计量心理学家（量化评估知识、能力、态度、个人特质和教育的科学家）瑞安·T. 豪厄尔在旧金山度过了一个"幸福"的周末，他这样描述自己的体会：我沿着海滩漫步，感觉"安定""精神焕发""充满活力"；野餐时"放松没有压力"；乘渡船前往天使岛的路上看到的景色令我震撼；在农夫集市上我产生了强烈的归属感；整个周末我一直觉得和家人十分亲近。这样看来，"幸福"到底是这个周末的整体，还是说在此期间每一种单独的体验都是幸福？或者两者皆是？

　　豪厄尔的体验包含了哲学家们定义的两种不同的幸福。第一种是当下的体验，也就是周围的环境与当前的状态带来的积极情绪。亚里士多德将这种幸福定义为"快感"：通过感觉体验到的愉悦。快感通常转瞬即逝，在很多关于幸福的研究中，它表现为个人的情绪。不过，瑞安·豪厄尔在农夫集市上体验到的归属感代表了幸福的另一种面貌——"最高善"，即生活本身的安康和福祉带来的愉悦。就算愉快的情绪逐渐消失，最高善依然能够继续维持下去，并且有助于促进我们的主观幸福感，即 SWB，心理学家、社会学家和神经学家经常用这个概念来衡量幸福。SWB 由三个关键元素组成：正面效应（或情绪）、负面效应（不愉快的情绪出现的次数和持续时间）和生活满意度（对生活是否愉快的整体感觉）。[2] 归根结底，人不会无缘无故地一直感觉幸福；在某些情况下产生适当的负面情绪在所难免，这是健康的情绪响应。只要积极的情绪大体上能超过消极情绪，那么你对生活的满意度就比较高——就像豪厄尔在那个周末里体验到的一样——从科学的角度来说，你的 SWB 值达到了"幸福"的程度。

现在我们转变一下话题，不再讨论瑞安·豪厄尔有多幸福，而是探究他为什么感到幸福——再推而广之，探讨人类的幸福从何而来，无论是当下的还是整体的。无论在什么样的环境中，为什么有的人看起来就是比别人更幸福？认知生物学家拉迪夫·科瓦克曾说，幸福"既有转瞬即逝的感觉和情绪，也包含内心深处永久保存的你有意识地珍视的东西"。我敢打包票，你肯定认识那么一两个"乐天派"，哪怕面临困境，他们看起来也比别人开心；或许你还认识某个"不高兴"，什么事儿他都只能看到阴暗面。当然，我们知道哪些情况能带来"转瞬即逝的感觉与情绪"，而且通常还能对它施加一定的影响，不过，这会改变我们整体的性格吗？

说到这里，就得谈到 DNA 了。实验心理学家索尼娅·柳博米尔斯基、肯农·谢尔顿和戴维·施卡德提出，我们每个人都有自己的幸福"基准线"，它由三个因素决定：（1）由基因决定的幸福"初始值"；（2）在能带来幸福的环境中生活；（3）选择能带来幸福的活动和行为。他们相信，我们的幸福等级大约有一半是由遗传倾向决定的，环境（如生活的国家和文化，年龄、性别、种族等人口统计学因素，包括过去的成功和失败在内的个人经历，以及婚姻状况、职业、健康和社会经济学地位等个人条件）的影响只有 10%。另外 40% 的幸福来自我们通过有意义的活动追求的个人目标。[3]

这看起来似乎很荒谬。为什么环境对幸福的影响这么小？首先，情景式的幸福感（相对于持久的幸福）非常短暂，转瞬即逝。豪厄尔在海滩上散步时十分愉快，但要是他丢了钥匙或者弄伤了脚，这样的快乐可能马上就会消失。第二，即使你可以改变部分环境（比如说住在哪里，做什么以及婚姻状态），但你却无法控制他人（过往的痛苦事件或文化环境）。比如说，如果豪厄尔小时候差点儿淹死，那么他在太靠近水的地方恐怕不会感到很愉快。不过，快感的习惯化会极大地冲淡情景式的幸福。"如果带来快感的刺激一直持续下去，那么接受者的情绪响应会逐渐变弱乃至消失。"科瓦克在《幸福生物学》（*The Biology of Happiness*）中写道。豪厄尔第一次在这片海滩上散步的时候，新鲜的环境会吸引他的全部感官，让他觉得自己充满活力。但是，如果他每天都在同一个地方散步，熟悉的风景会降低他的投入程度,环境带来的幸福感也会随之减弱。结果,他又将回到基因决定的幸福"基准线"附近。死亡或多次失业等重大事件可能永久性地降低我们的"幸福初始值",不过,有什么办法能够提高这个初始值吗?

追求并达成个人目标,参加有意义的活动,这些因素有助于维持长期的幸福感。比如说,豪厄尔计划参加自己最喜欢的慈善组织发起的跑步活动,每天在沙滩上散步是训练计划的一部分。或者说,他平时工作十分忙碌,难得有时间陪孩子,但他们每个周末都要一起去沙滩上玩一会儿。在这两种情况下,定期前往沙滩或许能够更有效地增强他的幸福感,因为这个活动现在有了另一重意义和目的。此外,利他性的慈善类活动也能增强长期幸福感。这是个好消息,因为幸福会影响我们的基因。在最早期的此类研究中,北卡罗来纳大学和 UCLA 的科学家总结称:"要问哪种幸福能够最直接地对抗分子对映体(疾病促进基因的标志),从功能基因组的角度来说,答案是最高善。"[4] 换句话说,虽然两种类型的幸福互有交叉,但是,从心理学的角度来说,要将幸福刻入基因,更高的追求和对他人的付出(最高善)比转瞬即逝的愉悦(快感)更加有效,前者能够减少与促进炎症有关的生物学标记物,从而降低癌症、糖尿病和心血管疾病的风险。我们会带着孩子和他们的朋友去海边玩一天,有时候是去冲浪,有时候会参加一些保护海洋的活动,比如说清理海滩上的垃圾或者帮助小海龟,这是我们追求幸福的方式之一。这些活动包含了促进"整体幸福"的几个关键元素:户外、运动、追求目标、合作解决问题。

而且,比起环境来,我们对活动有更高的掌控力,因此,

蓝

色

思

维

这种追求幸福的方式更简单一些。不过，能够促进幸福的活动必须满足以下条件：（1）时间不长，具有偶然性，避免形成习惯（要是你成天都在海滩上泡着，那就别指望这还能提高幸福感）；（2）适合你自己（如果你是个素食主义者，拒绝杀戮，不吃活物，那么你可能不适合钓鱼）；（3）可以长期坚持（你必须定期参加这些活动，不过每次都要有点儿变化，以免产生习惯性疲劳——比如说，换一条跑步路线）。

不过，还有一个问题：某些活动和环境天生就能带来更多的幸福吗？是否有这样的可能：某些体验会带来幸福，因为它们反映了"共通的心理需求"？——很多心理学模型都提出过类似的概念，例如亚伯拉罕·马斯洛的生理需求/安全感需求/爱和归属感需求/尊重需求/自我满足需求模式，或者经济学家曼弗雷德·马克思-里夫的生存/保护、影响、理解、参与、休闲、创造、认同、自由层级模式。[5]或者说，某些环境——无论我们是否能掌控它——就是能带来幸福？

大　脑　如　何　感　知　幸　福

有时候人们并不考虑未来或者利益；有时候，我们就是想满足某种欲望，现在，立即，就在这里，无论如何都想要。

——爱德华多·萨尔塞多-阿尔瓦兰，哲学家

南加州大学的神经科学先驱安东尼奥·R.达马西奥曾说，几乎所有的脑活动都与情绪有关。在知觉/模式识别/决策/

行动的链条中，情绪是不可或缺的组成部分，它来自本能，触发时间通常介于"知觉"和"模式识别"之间。"一旦大脑感知到刺激，"威尼弗雷德·加拉格尔在《地点的力量》（*The Power of Place*）中写道，"无论是乡间的鸟鸣，还是城市里车轮的啸叫，那张网络立即会被激活，神经的中控台开始处理来自内部和外部的反馈，同时提高神经系统的警戒等级。然后，我们才会开始确认自己有何感觉。"[6] 这是个非常重要的区别。UCLA 医学院临床精神病学教授丹尼尔·西格尔表示，"理性系统关心的是分析外部世界，而情绪系统负责监控内部状态，无论情况是好是坏，它都不会放松警惕。换句话说……理性认知主外，情绪主内。"[7] 所以，虽然知觉既可能源自外部世界（例如发现潜在的掠食者），也可能来自人体自身（例如痛觉），但情绪只可能来自内部。

这一点为何如此重要？神经学研究表明，大脑中负责处理情绪的皮质区在演化中形成的时间较晚，而脑干（负责控制基本的生命功能，例如呼吸、心跳和血压，同时它也是大脑与身体其他部分之间的通讯中枢）和边缘系统（负责"战或逃"响应的脑区，它包含了基底核、海马体、杏仁体、下丘脑和脑垂体）则比较古老，它们像中央"开关面板"一样控制着大脑与身体之间的通讯。我的同事贾伊马尔·约吉斯，《咸水佛》（*Saltwater Buddha*）和《恐惧计划》（*The Fear Project*）的作者，住在旧金山，他从小就喜欢游泳和冲浪，水就像他的家一样，待在水里总是让他特别开心。想象一下，某个雾蒙蒙的清晨，贾伊马尔在离家不远的海里游泳。他的大脑稳定而愉快地释放出各种快感化学物，包括内啡肽（带来平静、欣喜的感觉，又叫"跑者高潮")等"天然鸦片",催产素(产生信任感和安宁温暖的情绪)和带来快乐"浪潮"的多巴胺(与新鲜感、冒险和奖励、探索、舒适的运动有关——这种神经递质与多种瘾嗜密切相关)。这些神经化学物都是人体自然合成的,就像我们内置的"药箱";大脑根据实时的环境本能地释放出这些化学物。突然,贾伊马尔发现大约 50 英尺外的水面上似乎有点异常,厌恶风险的大脑立即开始寻找潜在的负面刺激,他的整个身体随之进入直觉性的"保命模式"。有意识的思维还没来得及做出响应,视觉皮质已经把信号送入了海马体进行评估:那东西会带来威胁吗?边缘系统厉声尖叫"会!"杏仁体立即调动身体进入高度警觉状态,去甲肾上腺素("唤醒"化学物)淹没了贾伊马尔的大脑,提醒负责有意识思维的脑区"看看那边是怎么回事,赶紧!"相对平静的环境中,突如其来的刺激同样会触发多巴胺的分泌,帮助身体做好行动的准备。与此同时,杏仁体激活交感神经系统(SNS)告诉身体其他部分:我们可能必须做出"战或逃"的应对。贾伊马尔又看了一眼:水面上划过的是一片鳍吗?高度的警觉变成了恐惧,贾伊马尔的下丘脑(负责调节满足人体基本需求的内分泌系统,例如食物和性,还有恐惧和愤怒等情绪)向肾上腺发送信号,释放出肾上腺素和去甲肾上腺素;他的心跳开始加快,大量血液涌向主要肌肉群,肺部支气管开始膨胀,为身体提供更多氧气。压力激素皮质醇的洪流盖过了之前那些带来快感的化学物(多巴胺、血清素和内啡肽),贾伊马尔的整个新陈代谢系统进入一级警备。皮质醇促进杏仁体继续激活 SNS,同时抑制免疫响应。他的整个身体都被神经化学物的洪流劫持了,这时候,贾伊马尔的脑子里有意识的部分终于收到了信息："潜在的掠食者——危险！"哪怕贾伊马尔非常清楚，美国每年死于鲨鱼袭击的人只有一个，但杏仁体仍不肯放松警惕，它以"闪光灯"式的记忆记录下高危时刻，同时尖叫着警告他离开这片水域。他转身匆匆游向岸边。上岸后，贾伊马尔回头看了看自己刚才游泳的地方，结果只看到水面上有四五头海豚的背鳍划过。他站在沙滩上喘着粗气，心依然跳得很快，"战或逃"的神经化学物逐渐退潮，他开始后悔自己错过了和海豚共泳的机会。不过事实上，他别无选择：在刚才那一刻，基于情绪的边缘系统产生的"保命优先"响应绑架了层级更高的认知脑，他只能跟着直觉走。

和情绪有关的化学物这么多，有时候实在令人迷惑。归根结底，这似乎只是一系列简单的"开关"机制：看到 A，释放化学物 B；看到 X，释放化学物 Y，诸如此类。不过，这些化学物可以激发、构成情绪，有时候某种化学物单独起效，有时候它们共同作用，还有的时候，某种化学物的缺失也是情绪形成的要素。有的化学物会激发我们的潜能（生理效应），而另一些化学物会让我们感觉到快乐、恐惧、放松、紧张、沮丧、专注、悲伤和爱——正是这些情绪让我们成为真正的人类。的确，情绪影响着我们的每一个决策，让我们成为现在的样子。[8]

早在 1980 年，社会心理学家 R.B. 扎荣茨就曾写道："早在我们演化出语言和如今的思考方式之前，边缘系统就一直控制着人体的情绪性反应。它的形成年代早于新皮质，在较低级的动物身上，这套系统占据了脑物质的很大一部分。在我们演化出语言和认知能力之前……生命体完全依赖情感系统来应对外界情况变化。生命体需要对环境中的刺激做出响应，每种情绪响应会带来不同的后果，在这个过程中，正确的响应被保留下来，错误的则遭到淘汰。"[9] 在几十年后的今天看来，扎荣茨的论断依然没有过时。面对周围的世界，除了认知性的响应和感觉以外，我们还会产生本能的情绪性响应，它从最根本的层面上塑造了我们的生活和体验。读到"生命体需要对环境中的刺激做出响应"这样的句子，我们很容易忽视"环境"这个词的真实含义，事实上，"环境"既包括室内和室外，也包括体内和体外。此外，在我们讨论大脑与环境之间的互动时，所有假设的场景里都会出现突如其来的特殊刺激——在贾伊马尔的例子里，他最开始以为海面上的鳍是鲨鱼。不过，有时候我们并不需要突然出现的一片鳍，事实上，某些极具影响力的信号根本不是突如其来的外部刺激——完全不是这样。

现在，一些研究情绪的神经化学和生物学基础的科学家开始探查外部环境如何与我们的内部世界互动、塑造我们的自我。比如说，2010 年的一项研究表明，受试者看到自然场景时，前扣带回和岛叶——与移情有关的脑区——会变得更加活跃；与之相对的是，都市场景会在杏仁体里激发更强的响应，这个脑区是"危险"响应的第一站，也是慢性压力的主要来源。另一项研究表明，自然场景更容易激发基底核；根据此前的研究，看到快乐的表情或者回忆起快乐的事情时，基底核也会变得活跃起来。科学家在加州利用 fMRI 完成的一项研究表明，自然的风景会激发脑部奖励系统——这片脑区富含能带来快感的鸦片受体。

这些研究展现的差异已经超越了"自然 VS 都市"层面；在与都市环境的对决中，不同的自然环境产生的效果并不相同。

加州的那项研究发现，海景激发奖励系统的效果最为明显。英国的欧洲环境与人类健康中心致力于探索自然界的水环境如何促进人类的健康与福祉。2010年，与该中心合作的研究者调查了天然与人造环境中的水元素如何影响人们的偏好和情绪，以及各种环境的"恢复效果"。受试者观看了120张天然环境与人造环境的照片，其中一半的照片里有水元素，然后，研究者会问他们，这些地方有没有吸引力，你愿不愿意去玩，以及看到照片你有什么感觉。结果表明，含有水元素的场景（无论是天然的还是人造的）得到的评价更高——受试者更偏爱这些照片，觉得它们能带来更多的积极情绪，恢复效果也更好。更有趣的是，带有水元素的人造建筑物（比如说运河旁边的房屋或者带喷泉的广场）得到的正面评价和那些绿色空间不相上下。[10]

斯坦福大学情绪神经科学临床应用中心的菲利普·戈尔丁博士一直在研究正念和冥想对人类心理的影响。2011年，戈尔丁博士表示："待在海里或海边的体验充满了复杂的情绪，这些情绪都基于大脑对环境性刺激的响应。"其实除了海以外，河流和湖泊也会带来相似的体验——它们代表着淡水水源和食物。不难想象，早期人类是如何在千万代的演化中形成了对水的依恋，他们会本能地把营地安排在能看到水的地方，这样可以享受到水源的便利，同时又避开了潮水、泥石流、洪水和漫流的危害。出于生存本能的选择同样在神经化学过程中留下了痕迹，因此，我们会觉得能看到水的风景是美丽的。事实上，欧洲和非洲最早的人类遗迹都分布在古河谷里。我们的祖先站在山洞洞口，看到朝阳从对岸升起的时候，是否也会感受到同样的美丽？或许他们的感觉比我们更甚。

沿着演化之河继续逆流而上，我们不难想象，对同出一源的灵长类动物和我们共同的祖先来说，水有着神奇的魔力。事实上，我们寻找、探测、感觉、感知、消耗水的能力和逐水而居的本能大约可以追溯到 3.75 亿年前；那时候，第一批离开水的生命体开始试着在干燥的陆地上生活，就像离开水的鱼一样，它们面临着种种全新的挑战。如果不是追踪水源、对水做出情绪性响应的能力深深埋藏在这些生物的本能之中，那么它们根本就无法在陆地上活下来——而死去的动物无法繁殖，也不可能延续自己的基因。

幸 福 的 神 经 生 物 学 基 础

美国最高法院大法官波特·斯图尔特说过一句关于色情文学的名言："今天我不会进一步定义（它）……但是只要看一眼，我就知道它是不是。"21 世纪之前，神经学家研究幸福（确切地说，是研究所有情绪）的方法还比较简单，他们主要依赖于受试者的自述，这就带来了一个问题：首先，受试者必须具有感知、判断"幸福"的能力；其次，他们还得准确地把它描述出来。直到今天，在众多社会学和心理学研究中，自我报告依然是一种至关重要的数据来源，但过去 20 年来，PET 和 fMRI 扫描让我们得以更深入地研究幸福的神经生物学基础。"这类研究让我们清楚地看到，人类的情绪不仅仅是模糊的感觉，而是真实、客观、科学的。因为情绪能产生可测量的信号，更重要的是，情绪可以通过实验复现。"驻牛津科学记者迈克尔·格罗斯这样写道。今天，科学家可以更清晰地看到，你高高兴兴地在海滩上散步的时候，你的脑子里正在发生些什么。

不过，大部分人定义为"幸福"的感觉实际上包含了多个不同的情绪层次，因此，它也会激发大脑中不同区域的各种神经化学物。比如说，新鲜刺激的体验和对奖励的期待会让多巴胺淹没与唤醒、驱动、愉悦和运动控制有关的脑区。（对多巴胺的渴望也会激励我们多走一英里去争取奖励。）其他"有关幸福的神经化学物"还包括 γ- 氨基丁酸（GABA，它会减缓脑内突触脉冲，带来宁静与幸福的感觉），血清素（存在于脑部、消化道和血小板里，能带来平静、自信和安全感），催产素（带来亲密感，加强我们与他人之间的联系）。多个神经元通过脉冲信号通讯，共同达到阈值完成"激发"，将"动作电位"传递给目标神经元。动作电位决定了神经元的行动类别（运作）和速度（频率），抑制、减缓或加速脑部对环境的响应。这些神经化学物不光会影响边缘系统（"情绪脑"），也会传递到更高级的皮质层，让我们做出寻找幸福和快感的行为和决策。因此，和其他情绪一样，幸福也是涉及整个大脑的一种现象。2013 年，研究者公布了第一批脑部情绪活动模式"地图"。

奥里格纳河与蒙隆梅海拉河在匹兹堡汇合形成俄亥俄河，卡内基梅隆大学就坐落在这里。这所大学幸运地同时拥有研究社会科学、决策过程的跨学科院系和世界级的戏剧学院，这里的演员需要接受感受情绪的专门训练，这是他们的基本功。为了探索大脑中各种情绪的"神经签名"，研究者请演员接受fMRI 扫描，并要求他们表演九种不同的情绪：愤怒、嫉妒、恶心、骄傲、悲伤、恐惧、渴望、羞愧和幸福。（请注意，这九种情绪中只有两种可以算是积极的，也许是因为研究者对唤醒和社交比较感兴趣，所以他们把"平静场景"设定为基准线。）通过扫描我们发现，不同的情绪会分别点亮脑内多个区域，各自形成复杂的激活图案。"和其他许多复杂的想法一样，情绪体验由一系列神经回路共同表达。"该研究的作者写道。不同情绪的激活图案准确度很高，研究者请同一组演员做了第二次 fMRI 扫描，然后把两次得到的图案进行比对，结果发现，计算机以第一次的扫描图案为蓝本识别情绪的准确率达到了 71% ~ 91%。（有趣的是，计算机识别"幸福"图案的准确率高于其他所有情绪，我觉得这意味着把幸福传递给他人非常重要。）

如果幸福和其他情绪可以在脑子里产生独特的激活图案，那么如果你反复激发"幸福图案"，会出现什么结果呢？我们能把"不高兴"变成"乐天派"吗？考虑到神经可塑性的存在，这样的事情或许不是天方夜谭。如果说积极的情绪像特氟龙（聚四氟乙烯，英文缩写为 PTFE，俗称"塑料王，哈拉"），那么负面情绪就是魔术贴，这完全出自我们的生存本能：我们就是会对负面的体验投以更多关注、产生更强的响应，因为要不是这样，人类就活不到今天。不过，正如神经心理学家里克·汉森在《重塑正能量》（*Hardwiring Happiness: The New Brain Science of Contentment, Calm, and Confidence*）中所说，如果积极的体验（1）足够强烈，（2）足够新鲜，（3）出现的频率足够高，（4）我们注意到它的时间足够长，那么这些体验会加强脑子里的"幸福"神经通路，从而让你更容易感受到正面情绪。

　　这是怎么做到的？强烈新鲜的体验会提高体内的去甲肾上腺素和多巴胺水平，促进海马体内形成新的突触，从而创造出新的神经结构。频繁的正面体验又会让那些经常同时激发的神

经元联系起来，加强积极的神经通路。专注于这些积极的体验能够帮助我们进一步加强这些神经通路。"心理活动即神经活动，这些脑内活动就像河里的涟漪，它不会对河道产生长期影响，"汉森写道，"不过，强烈持久或反复出现的心理/神经活

动——尤其是有意识的那些——会在神经结构中留下深刻的印记，就像波浪反复冲刷河床。"[11]（水的比喻经常出现在与意识/大脑有关的作品中。）

　　杏仁体的主要功能是对刺激（无论是正面的还是负面的）

做出反应，帮助大脑建立正确响应。太多的负面刺激会产生过多的压力激素皮质醇，让杏仁体（和你的大脑）变得对负面刺激格外敏感。汉森指出，有意识地持续关注正面体验有助于延缓多巴胺分泌，增加杏仁体对幸福的敏感度。（多巴胺是个好东西，不过和所有好东西一样，它很容易让人上瘾，无论刺激多巴胺分泌的源头是好是坏。看起来或许有些反直觉，幸福和移情固然重要，但对这些感觉上瘾依然值得顾虑。"移情会让你在当下感觉良好，但从长期来看，它有时候也不是什么好事儿。"加州州立大学国际管理荣誉教授洛丽泰·格拉齐诺·布雷宁这样写道。）

　　近年来，越来越多的研究证明了自然世界与人类幸福之间的紧密关系。2009 年，韩国的研究者利用 fMRI 扫描记录了受试者在观看自然风景和都市风光照片时的脑部活动。结

果发现，人们在看到自然风景时，前扣带回和基底核（与积极期待、情绪稳定性和激发快乐回忆有关的脑区）会出现较强的活动。[12] 但实验室里的研究是一回事，人们真正身处自然中的感受又是另一回事。而且，"自然"的定义过于宽广，几乎包含了所有的生态系统，从镇上的公园到无垠的大海。这时候我们不妨再看看欧洲那些朋友的研究，他们调查了人们在哪些地方最快乐，与水有关的场景得分很高。

"自　　然　　的"　　幸　　福

2011 年，经济与环境研究者乔治·麦克龙和苏珊娜·莫拉托开发了一个名叫"幸福地图"的智能手机应用，并利用它调查了英国生活在各种环境中的 22000 位受试者的主观幸福等级。下载了这个免费应用并同意参加研究的用户会在一天中收到几条随机的信息，询问他们此时此刻跟谁在一起、待在哪里、在做什么、有多快乐。然后，手机应用会通过 GPS 来跟踪受试者的确切位置。这项研究一共收到了超过 110 万条反馈——迄今为止，任何同类研究都没有这么庞大的数据库。结果呢？大体来说，人们在户外自然环境中的快乐程度超越任何都市环境。

这项参与者众多、反馈数据库庞大的研究，确认了科学家、心理学家和哲学家几十上百年来总在唠叨的一件事：周围的环境会影响我们的感觉。这个结论也符合我们直觉的认知。研究者努力创造了一个"国家幸福指数"来衡量四种主要因素（人、社会、建筑和自然）对生活满意度的影响,结果——惊讶地——发现:"人们在衡量生活满意度的时候的确会考虑周围的自然环境。"2012 年,加拿大安大略省渥太华市的研究者发起了两项调查自然与幸福之间关系的研究,结果发现,在接近 1000位受试者中,自然对幸福有着"独特"的影响,哪怕在控制了其他变量（比如说,排除了国家与朋友的影响）后也同样如此。[13] "在渥太华河边散步——只需要 15 分钟,你就会感觉精力和情绪有所恢复。"特伦特大学心理学教授伊丽莎白·尼斯贝特是该研究的共同作者之一,2013 年,她在"生态渥太华"举办的以"大脑与自然"为题的研讨会上这样表示。身处的地点会影响我们的幸福感。意大利心理学家马里诺·博奈托认为,待在"适合自己的环境"——能够完全满足你的生理与心理需求的环境中,我们会觉得更幸福。凯瑟琳·欧布莱恩是新斯科舍省悉尼市卡普顿大学的教育学副教授,也是研究可持续性幸福的专家。2005 年,凯瑟琳与加拿大自行车与步行促进中心联合完成了一项她称之为"快乐目的地"的调查,希望弄清环境中与幸福密不可分的因素到底有哪些。虽然很多受试者选择了温哥华、西雅图、墨尔本、波哥大等城市,但是,最容易让人感到快乐的依然是城市里的自然景观——公园、池塘、树木、河流和滨水区域。[14]

让受试者感觉快乐的到底是自然界中的哪些东西呢? 根据他们的答案,带来快乐的有一部分是沉浸感:水声,风,鸟儿,甚至包括周围的静谧；泥土的气息,水,植物,新鲜空气或海藻；让人平静但依然新奇的渐变色彩,绿色、蓝色、红色、黄色、橙色,还有被风吹动的叶子和水面,间或出没的动物和鱼儿；

清凉的水从手上或脚上流过的感觉；踩在泥土或落叶上那种松软而坚固的触感；行走时需要格外当心，绕开岩石、树枝、水洼和贝壳。正如我们先前讨论过的，出于演化方面的原因，原始、便于被人识别的风景（例如曾为我们的先祖带来安全与食物的大草原和海滨）会触发积极的情绪，因为它与人类的生存直接相关。斯坦福大学的尼克·萨维利用 fMRI 技术研究了自然风景对大脑的影响，结果发现，对某些人来说，美丽的自然风光会触发脑部奖励回路，这和食物、性以及金钱的效果类似。[15]

除了这些被动的因素以外，大自然带来的幸福可能还与我们对它的主观依恋有关。"幸福地图"应用得到的反馈表明，与室内活动或城市里的活动相比，人们在户外进行运动（比赛、跑步、锻炼、散步、远足）或休闲（观鸟、园艺、"观察自然"）时更容易感到幸福。[16] 2007 年，一项针对英国乡村的大型研究跟踪了 249 位受试者，并对 10 个"绿色锻炼"的案例进行了深入调查，结果发现，散步、骑车、骑马、钓鱼、划船等活动能够有效地提升自尊和情绪，这个结果排除了人口统计学特征因素的影响，有力地佐证了"幸福地图"的发现。不过，自然环境和体育运动都能带来快乐，二者影响情绪的比重分别是多少呢？"幸福地图"的研究者将统计样本限定在"休闲活动"的范围内以后，发现得到的结果和先前并无差异。

"幸福地图"研究还揭示了另一个有趣的统计结果：附近有水的环境对幸福的提升作用最为明显。海里或海滨区域能将受试者的幸福等级提高 5.2%，该研究作者表示："这样的区别大致相当于去看展览和在家写作业。"

在不同的研究中，我们一次次反复看到，自然环境能提升我们的幸福度，而水又会进一步加强这一效果。2006年，爱尔兰的一项研究发现，住在离海边5000米以内的人对生活的满意度更高。"除此以外，受试者的其他条件完全相同。"要是住处与海的距离在2000米以内，还会进一步加强这个效果。埃塞克斯大学一个研究英国户外活动的小组发现，虽然所有"绿色的"环境都能提升自尊和情绪，但拥有开放水域的居住地对心理健康的促进作用更加明显。波恩大学公共健康与卫生研究所的研究者在科隆和杜塞尔多夫调查了在河边散步的人们，结果发现："人们明显偏爱都市环境中的水，它能够带来正面的感知体验。"除了城市里的天然水道以外，人们在规划、修建城市的时候也会引入人造的水景——尤其是在居住区。

纵观历史，所有文化都默认环境会影响行为。目前，现代科学已经确认了这一点，我们的行为、想法和感觉不光会受到基因、神经化学物、历史和人际关系的影响，同样也会受到周围环境的影响。

——威尼弗雷德·加拉格尔，《地点的力量》（The Power of Place）

就在不久前，大部分临水地产还卖不上价钱。人们觉得这些地方太危险，无遮无挡，气味浓烈，所以只适合作为商业用地，例如做钓鱼场、码头或者工厂。最贵的住房通常位于市中心，或者"高街"上，远离入侵者的威胁和被污染的水体——那时候的居民习惯把脏东西倒进水里，所以河道和溪流里充满了致命（也烦人）的细菌、真菌、腐烂的物品、霉菌、害虫等让人不愉快的东西。出于同样的原因，海景房只适合做哨站，方便人们观察远处逼近的危险——例如敌人、海盗和风暴，对某些人来说，可能还有"海怪"。不过今天，在大部分工业化国家里，临水地产的价格居高不下，各处的社区都在努力清理河流和老旧的生产场地，将原来被污染或者荒漠化的土地变成别致的绿地、风景和市场。纽约市斥资超过6000万美元来治理布朗克斯河，沿河修建公园、步道和骑行小径。波特兰、芝加哥、奥斯汀、华盛顿特区、丹佛等地的市区河道都变得热闹非凡。圣安东尼奥的河边步道成了德州首屈一指的旅游胜地。蒙特利的罐头厂街曾出现在约翰·史坦贝克笔下，但现在，汗臭和鱼腥味已经从这里消失，接踵摩肩的商店、酒店和餐馆沿着蒙特利海湾拔地而起，旁边就是著名的蒙特利湾水族馆。

河岸、海滩和湖滨仿佛一堂简单的经济学和文化课程，让我们看到了环境的价值。为了去水边度假、在水边生活，人们愿意付多少钱？除此以外，我们并无其他方法来计算水的价值。但是，我们到底应该用什么单位——体验，金钱，抑或是别的什么东西——来衡量水的价值？这是一个非常关键的问题。2010年，美国有1.23亿人生活在海滨，我们应该用什么东西来衡量水和水景的价值？

如果你问大家为什么喜欢待在水边，人们通常会回答，"因为感觉不错"，"我喜欢望着水"，"它让我开心"。（最常见的答案是："我也说不准，这真是个有趣的问题！"）北卡罗来纳外滩群岛海滨地产和海滨度假屋公司的所有者戈登·琼斯调查了35位房地产中介，询问他们的客户购买临海房屋的原因，他得到的答案如下：

＊为了在海浪声中入睡

＊地位的象征

＊大海本身的吸引力，宁静与尊重

＊大自然母亲带来的终极挑战

＊优秀的投资／租金回报

＊生活方式

＊为了看日出

＊打开前门就是海滩，非常方便

＊寻找灵感——人们搬到海边来写作、画画，或者做其他
自己擅长的事情

＊为了看到野生动物——鹈鹕、鲸、海豚、海龟、鱼

琼斯解释说，临海的地块通常会被放在"第一行"——"谁
不愿意出现在第一行呢？"

但是，水的溢价点到底在哪里，为什么有这么多人愿意为
它付钱？要回答这个问题的不光是在德尔马购买地产的人们；
要知道，水的溢价体现在每一家临水餐馆、酒店、康乐机构的
账单里。但是，由于水带来的好处无法体现在资产负债表上，
经济学家没有清晰的途径去计算它的非市场价值（"外部性"），
所以他们干脆就不去费这个事儿了。不过，如果我们换个背景
去考察水的溢价，将品质量化计算，把看不见的东西转成可
见的数据，将含糊的认知化为精确的计算，把模糊的想法填
入决策矩阵的格子里。我们如何衡量人类与水的关系，这就跟
蓝色思维方式扯上了关系。

为什么人类痴迷蓝色

影响我们理解世界的不是颜色本身——而是演化赋
予这些颜色（以及其他所有东西）的意义。

正如我们已经看到的，过去的体验塑造了大脑面对世界的方式。不过大脑的实际运作原理比这更加复杂，为了更好地理解蓝色思维的力量，我们需要更深入地了解大脑如何汲取信息、决定好恶。

科学家相信，婴儿的感官早在母亲怀孕8周时就已开始发育。到26周的时候，传统意义上的"五感"——触觉、味觉、嗅觉、听觉和视觉——已经全部出现，甚至在子宫里就开始起效。不过，离开母体以后，感官开始与外界更广阔的世界建立联系，我们很快进入了这片广袤的知觉之海，作为中央处理器的大脑也开始将感觉转化为认知体验。要完成这项伟大的工作，大脑需要采取几种不同的方式。

首先，大脑会将蜂拥而来的感觉信息拆分成更易掌控的"字节"，每个字节有8比特数字信息，每一位信息都可记作0或1。把人脑比作电脑会造成很多问题——你的大脑比电脑复杂得多，或者说，人脑至少比我们今天熟悉、常用的电脑复杂得多——不过它也带来了一个有趣的疑问：大脑的平均储存空间有多大？人们对此的估计差距极大，从1太（1×1013比特）到2.5拍不等，[1]拍大约相当于1000太。无论大脑的储存空间有多大，它接受信息的数量和速度总是有限的；戴维·珀佩尔提出，大脑有个"取样频率"（视觉和听觉刺激，不过同样的规则也适用于其他感觉）。"整个世界通过视觉、听觉和其他感觉将你淹没，大脑的解决方案是把信息分解成小包，按照一定的频率接收提取，"他解释道，"大脑的工作是把所有的信息'包裹'堆叠起来，完成分析和整合。"人体相关系统向大脑传输感觉信号的能力也是有限的。比如说，视网膜每秒最多能接受 1×10^{10} 比特的视觉刺激信号，但眼睛每秒只能向视神经输送 6×10^6 比特的信息，再加上传输过程中的损失，最后到达视觉皮层的信息可能只有 10000 比特左右。而在这 10000 比特中，大约只有 100 比特能进入我们有意识的感知，成为我们看到的东西。[2] 不过，由于大脑拥有出色的模式识别能力，所以它可以补完中间损失的信息；比如说，你永远不会注意到左右眼的视觉"盲区"，因为你的大脑自动在盲区内填充了必要的视觉数据。

第二，大脑会区分"信号"和"噪音"，不妨这么说：脑子里有一个名叫"顶下小叶"（IPL）的区域，位于枕叶（负责视觉）、颞叶（听觉）和顶叶（触觉）的交界处，IPL 的任务是接收、处理、整合感觉数据，形成有意义的感知。在任何一个时刻，你的感官都会收到大量视觉、听觉、味觉和嗅觉信号，但你的认知脑只会接收一小部分必要的刺激信号，并将之整合形成强烈的多感觉体验。在这样的时刻，过多的比对会带来认知障碍。如果我们试图从不同的感觉中分辨出一个单独的输入信号，就会顾此失彼，失去对事物的整体把握。[3]

第三，大脑会利用过去的经验来构建知觉"地图"（我们经常用地图学术语来描述神经信号，尤其是相对于先天静态神经网络的动态感觉输入信号），然后利用这些地图来解释新的知觉信号。大脑里的地图让我们能够识别形状、看到颜色、分辨爱人的声音、闻出牛奶有没有发酸，或者判断洗澡水的温度是不是刚刚好。事实上，"真实世界"不光来自实时的感知，也要看你收到的感觉信号是否符合预期。"认知和对感官刺激的阐释是知觉的基础，"神经学家杰拉德·斯莫伯格写道，"大脑根据这些数据创造出模拟真实世界客观物体的模型。经验会影响我们的所有知觉，我们对遇到的每一件事物都会有一定的期待和预期。"[4]

如果一组刺激信号无法在已有的知觉地图中找到对应的模式，大脑就很难解释它代表什么意义。一项研究调查了盲人在恢复视力后的表现，其中一部分受试者是先天性盲人，另一部分是在很小的时候失去了视觉；结果表明，所有受试者很快就能分辨光和颜色，但先天性盲人通常难以识别形状、维度和物体的距离，也很难理解别人面部表情的意义。在这种情况下，我们的"老朋友"神经可塑性堪称亦敌亦友。如果一个人在成长过程中很少甚至完全没有接受过视觉刺激，那么他的其他感觉（听觉、触觉、嗅觉等）会"接管"大脑中原本负责处理视觉的区域。而在视觉刺激恢复以后（或者有了别的替代品），大脑会立即重新安排神经网络，为视觉提供支持——但是，由于原来的视觉脑区已经被占用，所以这些新形成的网络只能换到别的地方。从另一个方面来说，由于神经可塑性的存在，盲人也能学会"看"东西，有时候他们可以通过非常规的方式实现这个功能。大卫·伊格曼介绍了神经学家保罗·巴赫伊利塔在 20 世纪 60 年代发明的一种设备。保罗将一个摄像头安装在盲人的额头上，周围环境的照片会转化成振动传到盲人背后。一周以后，盲人就能通过背上的触觉"看到"周围的东西了。还有个年代更近的案例，一位攀岩者通过贴在舌头上的 600个电极组成的阵列"看到"了东西。[5] 人类甚至能学着利用回声定位的原理来了解周围的大致情况，就像某些海洋哺乳动物和蝙蝠一样；盲人可以用嘴发声，或者借助拐杖试探，然后聆听周围的物体、建筑物和地形反弹的回声，判断周围的情况。听起来就像天方夜谭——是的，你我都不可能做到，因为我们的大脑已经适应了标准的系统，脑子里没有多余的空间来完成这么大胆的重塑。

神经网络的建立和强化需要有意识的关注和行动，基于同样的道理，我们脑子里的知觉地图也来自有意识的感觉体验。所以艺术家和摄影师常常对色彩、线条和视觉图形的锐度特别敏感：他们花费了多年时间来培育强大的视觉地图。"无论是对内还是对外，有意识的专注会影响、塑造我们脑子里的主观现实，让我们对某些物体、关系或者事件变得特别敏感。"生态心理学先驱劳拉·休厄尔这样写道。[6] 与此同时，我们还发现，这些独特的敏感性会带来出人意表（有时候甚至是糟糕透顶）的溢出效应。迈克尔·梅策尼希表示："我们的感觉（听觉、视觉等）与记忆和认知密不可分，这是近期研究最重要的发现之一。因为它们彼此依存，所以一项偏弱通常意味着——甚至会导致——另外几项同样偏弱。比如说，我们都知道，阿尔茨海默症患者会逐渐失忆，他们的食量也会变小。这是为什么？

后来我们发现，视力衰退也是阿尔茨海默症的影响之一。患者吃得更少，是因为他们看不清食物。还有另一个例子，许多认知性的改变与年龄有关。随着年龄的增长，我们会变得越来越健忘，越来越心不在焉，因为我们的脑子无法再像以前一样处理我们看到、听到、感觉到的东西。所以，我们无法将现在的体验清晰地保存下来，以后自然也不能轻松地回忆、使用这些东西。"[7]

塑造我们的不光是来自物理世界的知觉，也有我们脑子里既有的认知。对知觉的情绪性响应同样记录在我们的脑子里，它是这个"方程式"的一部分。问题在于，我们常常忽视这个重要的事实。

我在自然中寻求安抚和治愈，让所有感觉各归其位。

——约翰·巴勒斯

想象一下，你在森林里沿着小溪漫步。风吹得树叶织成的绿色穹顶沙沙作响，间或有一只鸟儿或者松鼠从枝头掠过。脚下的小路并不平坦，你不得不格外留心自己的步伐，地面上偶尔会冒出一团纠结的树根或者一块石头，一不小心就可能摔倒。正在腐烂的落叶散发出微弱的发酵气息，溪流飘散的水雾时时拂过你的皮肤。你注意到身旁的树干有些粗糙，各色树木和灌木交叠出错落的层次。耳畔不再有熟悉的电子声和城市里的喧嚣，你听到自己的鞋踩在泥土和落叶上的声音，感觉格外新奇。不知不觉地，你开始注意到森林里的其他声音，溪流的潺潺，鸟儿的鸣叫，有的就在头顶，有的十分遥远，但却声声入耳。你驻足片刻，只为了享受周围的一切。你的感官正在忠实地完成本职工作：全心全意地融入自然。"为了整个种族的存续，人类的感官与自然界的方方面面达成了妥协。"哲学家兼文化生态学家戴维·阿布勒姆表示："自然全方位滋养着我们的感觉。在这个充斥着电子喧嚣与人造快感的世界里，直接感受到的真实，仍是经验世界里最可靠的试金石；我们必须直接接触实实在在的天空和大地，才能在这个纷繁芜杂的世界里找到方向。"[8]

不过，在现代世界里的绝大部分地方，我们主要的知觉基本都经过人造物体的过滤。我们沿着人行道行走，或者开着人造的汽车在公路上奔驰，去人造的"建筑"环境中工作。我们听音乐，看电视，在互联网上冲浪，阅读数据；我们吃已经完全丧失了天然风味的预加工食品，用香水、肥皂和家庭清洁用品掩盖真实的气味；我们日常使用的屏幕、塑料、经过加工的材料和天然物体的触感完全不同。这些事情本身并没有什么坏处，但在这样的环境中，我们远离了千百万年来早已习惯的真实知觉，远离了丰富多彩的自然世界。霓虹灯标志如此美丽，手机用途多多，地铁快捷高效，铺得整整齐齐的街道上熙来攘往的人群各有诉求。但这样的喧嚣无法打开演化形成的知觉之锁——摩天大楼里的人们对此若有所感，却又一无所知。形形色色的研究与我们个人的体验指向共同的结果：城市里无所不在的压力和刺激让我们的思维不堪重负，远离所有人造环境，公园、森林、海滩和河岸里那些微妙的知觉才能抚慰我们的感官，给我们带来真正的解脱。想象自己身处自然之中只是聊胜于无的安慰剂，我们的所有感官早已打下了"自然"体验的烙印。

视 觉： 为 什 么 视 觉 形 象 特 别 突 出

神经学家 V.S. 拉马钱德兰提出，大脑中与视觉相关的脑区多达 30 个，其中有的脑区负责识别物体，有的负责确认物体在环境中的位置、它与其他物体的关系以及物体本身的特征，还有的负责联系其他脑区，确认物体的名字，以及与之相关的所有记忆和其他事项（换句话说，赋予物体意义）。杏仁体则负责评估物体的情绪意义。[9]

为什么某些视觉形象特别突出？这方面的研究有很多。不出意料的是，容易留下深刻印象的特性与我们的生存息息相关，而且与水的特征密不可分：颜色、反光度以及运动。我们不妨从颜色开始。

颜 色： 为 什 么 人 类 痴 迷 于 蓝 色

英国德比郡巴克斯顿的哈珀山有一片名为蓝潟湖的矿场深池。这里美丽的蓝绿色湖水多年来吸引了数十位游泳爱好者——尽管湖边竖立着醒目的标语："警告！在这片湖里游泳可能导致皮肤和眼睛发炎，引发肠胃问题、真菌感染和皮疹。"湖水的 pH 值与氨水和漂白剂相近，而且水里满是垃圾和动物尸体。但人们依然趋之若鹜，直到当地政府把湖水染成了黑色，前赴后继的游泳者才终于绝迹。[10]

人类就是痴迷于蓝色，不管这有没有道理。无论在世界上哪个地方，要问人们最喜欢什么颜色，蓝色高居榜首，其得票数比第二名高出三四倍。无论男人还是女人，都痴爱着蓝色，绿色、红色和紫色都相形见绌。而且蓝色无处不在：虽然蓝色是自然界中最稀缺的颜色（蓝色的动植物非常少），但每一个晴天，我们总能看到头顶湛蓝的天空。水也会呈现出深深浅浅的蓝色，根据深度和地点的不同，还有绿色、棕色和白色夹杂其中。而且，正如哈珀山的例子，哪怕水里有毒，那抹蓝色象征的清凉依然深深诱惑着我们。

市场营销人员和心理学家调查人们为什么喜欢蓝色的时候常常会得到这样的回答：因为它看起来"值得信赖""安定人心""干净""专注""清澈""开放""深邃""智慧"。从感情上说，蓝色象征着责任、信赖和可靠的力量：难怪有那么多公司会选择蓝色的徽标，脸书、AT&T（美国电话电报公司）、劳氏、美国运通、惠普、IBM、沃尔玛、辉瑞，还有 Vimeo（高清视频播客网站）……就连黑白的奥利奥饼干都选择了蓝色的包装袋！随便打开一本杂志，你总能看到几个蓝色的广告页面，它们推销的产品包罗万象，从热带旅游到滑雪度假产品，再到百思买（全球最大家用电器和电子产品零售集团）和床上用品店的最新促销。虽然一些公司深知自家产品的成功取决于人们的"不冷静"，但他们依然选择了蓝色，譬如脸书和推特的徽标。

一些研究已经确认了蓝色能产生安抚效果。比如说，日本的研究者报告称，与坐在红色和黄色隔墙旁边的电脑游戏玩家相比，坐在蓝色隔墙旁边的玩家心率更趋近正常，疲惫和幽闭恐惧的感觉也更弱。[11] 在一项"虚拟现实"研究中，科学家让受试者戴上一种发热腕带，并告诉他们，如果热得受不了就发个信号。与此同时，受试者面前的显示器上会出现一张图片，图片上分别用红色、绿色和蓝色来代表他们佩戴腕带的那只手。

结果表明，受试者看到红色图片时感觉到的痛苦最强烈，而蓝色图片带来的痛苦最轻微。[12]

光是一种电磁波，这不是比喻，而是实实在在的现实。它在各种物质的表面间跳跃，从空气到水，到皮肤、皮毛和羽毛，经过层层反射和散射进入我们的眼睛，光的波长决定了我们看到的颜色。可见光的波长是 400～700 纳米，紫色和红色分别位于可见光谱的两端，大约 475 纳米的蓝色介于二者之间。我们已经发现，蓝色波长的光会带来生理、认知和情绪各方面的好处。神经外科医生阿米尔·沃肖尔擅长成人微创脊椎手术和开颅手术，他表示："蓝色波长的光具有安抚、松弛、提神的效果，能够引发积极的情绪响应。事实上，蓝光之所以具有这样的唤醒功效，是因为它能激发一些神经递质，带来愉悦、欣喜、幸福的感觉，这和多巴胺的效果十分类似。"沃肖尔认为，蓝色之所以能带来这些正面的感觉，是因为地球上的水和天空都是蓝的，而我们人类正是在这颗蓝色星球上演化出来的。

在 2010 年的一项研究中，17 位受试者一边聆听声音，一边接受蓝光和绿光的交替照射。fMRI 扫描结果表明，蓝光能够增强脑子里负责处理声音的杏仁体和下丘脑（它是掌管情绪过程的主要关卡）之间的联系。也就是说，蓝光实际上能够强化一些关键的神经网络，让我们更好地聆听、理解声音。颜色的确会影响我们的其他感觉，反之亦然。

单纯地知道"蓝色是好的"并不能满足我们，更有趣的是，我们进一步深入，继续追问——哪怕只能听到一个"不过如此"的故事——"我们为什么会演化成这样？"从演化的角度来说，我们不难想到，蓝色有助于增强听力，这可能是因为它象征着开阔的天空和水域；比起封闭狭小的环境来，在开阔的地方我们更需要仔细倾听遥远的声音。除此以外，还有另一个猜想：大草原相对安静，而水流和波浪会带来"白噪音"，所以在这样的环境中，我们需要更敏锐的听觉。

影响我们理解世界的不是颜色本身——而是演化赋予这些颜色（以及其他所有东西）的意义。要保持身体健康、昼夜节律正常，人类需要自然界中所有颜色的光。不幸的是，出于成本和能源价格方面的考虑，大部分白炽灯的颜色主要集中在黄—橙—红波段（类似火光），蓝—绿色的灯光非常罕见。此外，现代的生活方式让我们习惯了晚睡晚起，这又无形中削减了我们暴露在自然光下的时间。所以有研究发现，蓝光照射能帮助夜班工人调节昼夜节律，减轻季节性情绪失调（SAD）带来的影响。未来的光源应该是全光谱、可调节、定制化的 LED 灯泡；这样的灯不光能照亮房间，全光谱对你的大脑也有好处。

不过，LED 灯泡也没法瞬间为你点亮蓝色思维。你依然需要水。但是，蓝色的确能进一步强化波浪、洋流、水池等水体对神经的影响。

当然，蓝色也有阴郁的一面，它可能象征着寒冷、悲伤甚至死亡（这也许是因为我们在缺氧和缺乏能量的时候嘴唇和脸会蒙上一层苍白的蓝色）。1901 年，巴勃罗·毕加索陷入了严重的抑郁状态，这也开启了他的"蓝色时期"。在这段时间里，他的大部分画作都是阴郁的蓝色和蓝绿色。穆迪·沃特斯评论说，这些蓝色"深邃，厚重，带着一种原始的深刻"。不过有趣的是，如果让抑郁症患者用一种颜色来描述自己的情绪，他们多半会选择灰色而不是蓝色——而且他们依然认为蓝色是自己最喜欢的颜色。[13]

的确，从本质上说，我们的大脑无法摆脱蓝色的强大正面影响。在日本，自杀是个严重的社会问题，自杀者常常选择的方式是跳轨。几年前，政府在高危区域和火车站安装了一批蓝色的灯，火车事故数量因此降低了 9%，更重要的是，安装了蓝灯的区域自杀事件也有所减少。[14]

自杀事件的减少也许是因为蓝色具有安抚效果——或者还因为蓝色有助于提高认知能力。根据 2010 年欧洲的一项研究，蓝光照射能增强下丘脑和杏仁体对情绪性刺激的响应——这两个脑区与注意力和记忆有关。[15] 最近，加拿大的两位研究者证明了红色和蓝色能提高不同的认知能力。红色似乎有助于增强人们对细节、实用性和特征的注意力，而蓝色能激发创造力，让人注意到不同物品之间的关系。"不同的颜色或许能帮助人们完成不同性质的任务。"研究者总结道。罪犯和违法者当初要是脑子更清醒一点，或许就会做出不同的选择；自杀者也一样。说不定那些罪犯会考虑到被抓的后果，于是悬崖勒马。

芝加哥艺术博物馆收藏了一幅夏加尔的《美国之窗》，那是我最喜欢的艺术作品之一：画面上洋溢着大片的蓝色。随着时间的流逝，玻璃画框上笼罩了一层薄灰，但是不久前，画作被清理一新，爱好者们口中的"夏加尔蓝"又重新变得生动起来。那样的蓝色能照亮周围的一切，为整个空间带来清爽、新鲜、透明的光芒。我有机会就会去博物馆，站在那幅 8×32 英尺的画作前凝视夏加尔的三扇窗户，深邃的色彩仿佛来自海洋。在这样的时刻，我总会暗自想道，如果有人怀疑蓝色的力量，那就把游泳池画成红的试试！

反 光 度

水的流动、反光和闪烁总是让人着迷，这是为什么？反光的水面吸引着我们，正如千万年前非洲的水池吸引我们的祖先前去饮水——归根结底，我们的祖先见过的最闪亮的东西或许就是阳光下的水。今天，闪光水面的诱惑似乎已经成为我们DNA 的一部分。最近，一项针对 6 ~ 17 月龄婴儿的研究表明，如果把不锈钢盘子（或者镜面光滑的玩具）交到孩子手里或者放在膝头，他们总是喜欢去舔——"看起来就像发展中国家较大的儿童趴在雨水坑旁喝水"，研究者表示，"哺乳期婴儿喜欢舔咬反光的表面，这或许是一种早熟的能力，要知道，等他们再长大一点，识别水的闪光就变得很重要了。"[16]

"水会为光增添新的色调，"法国哲学家加斯东·巴舍拉写道，"光在清澈的水体附近似乎会变得更加通透。"[17] 所以人类才深爱着喷泉和瀑布，池塘、湖泊、小溪、河流和大海上跳动的阳光总是直击我们的心灵。水面的光影不知疲惫地变化，永不重复，却又那么相似，令人心安。新奇与重复的奇妙结合吸引着我们的眼睛，这种"情不自禁的注意"带来了神奇的安抚效果。人们可以不知疲惫地凝望水面好几个小时。的确，水流动的景象甚至能抵消其他环境刺激引起的负面响应：1999 年的一项研究表明，瀑布的图片会让白噪音变得不那么恼人，因为人们很容易觉得那是天然的水声。

对我们的眼睛和大脑来说，没有速度的水面运动带来的视觉刺激或许更加治愈——媒体上充斥着一闪而过的电子图像，让人眼花缭乱，电影电视中随处可见广告和运动画面，电子游戏的画面变化快得让大脑来不及深入理解，我们随时随地都在被动接受过量视觉刺激的狂轰滥炸，在这样的世界里，似动还静的水格外让人安心。

要是我们能停下来一小会儿，放下平板电脑和智能手机，静静地看一会儿水——无论是喷泉里水滴的舞蹈，还是宽阔的大河舒缓的水流——宁静和轻松就会不期而至。记者查尔斯·费什曼认为水是未来最珍贵的资源，他在《大水荒》(The Big Thirst)中写道："要是你待在闪光的美丽水面附近，坏情绪很难徘徊不去。无论你怀着怎样的忧思，水都能减轻它的分量。明快活泼的溪流总会让你露出微笑，无论你的心情是高昂还是低落，它都会让你的感觉变得更好一些。"[18] 坐在户外欣赏水的表演不光能带来满足。澳大利亚的一些眼科研究项目提出，儿童和青少年近视率直线上升，这可能是因为孩子们的眼睛聚焦远方的时间太少。[19] 在这个充斥着电脑、智能手机和各种屏幕的年代里，你或许更应该抬头多看看大海。

流 动 的 气 味

当然，我们不希望自己喝的水有太浓烈的气味（或者味道），不过，不妨回忆一下每一次与水的相遇，你很可能会想起某种气味，虽然可能十分微弱。空气中的雨味儿，或者喷泉清凉雾气中水滴的气息；野外的溪流带着树叶微微的木质芬芳，混合着清新的味道；海水的咸味，或者湖水难以言表的清新气味。这些气味都来自自然——腐败的植物、细菌、二甲基硫醚（DMS）或者臭氧。生与死的点点滴滴，动物、植物和矿物都会产生大量芬芳化学物，进入你的鼻孔，触发化学感受器，于是嗅觉受体神经元开始向大脑发送信号。不过，和我们的其他感觉不同，气味信息会绕过丘脑，直抵属于边缘神经系统的嗅球；要知道，杏仁体也是边缘神经系统的一部分，正如我们之前讨论过的，这个脑区对情绪性体验的形成和记忆至关重要。正是出于这个原因，气味成为最强大的情绪触发信号之一。

无数研究表明，气味可能影响我们的认知、情绪和健康。在 2011 年的一篇论文里，心理学家安德烈·约翰逊宣称："我们发现，精油和其他芳香产品会对大脑的方方面面产生积极的影响，包括记忆、警惕、痛觉、自我知觉/自信、消费决策和警觉。"[20] 更早的一项研究表明，在治疗之前给病人使用橙子和薰衣草油，有助于减轻焦虑、改善情绪。[21]

不幸的是，水的气味对人类有什么影响，目前还没有这方面的研究。不过我相信，那么多人在水边体验到强烈的情绪，它很可能与空气中那一缕微弱的咸味或是雨后潮湿泥土的芬芳有关。不久前，我请香氛大师利比·帕特森为我调配一款海洋味的香氛。她成功完成了这件作品，并将它命名为"海浪"。"海浪"使用的精油主要来自我家附近的海滨植物，利比还为它添加了海藻和贝壳灰的气息。对我来说，这款香氛让我想起在太平洋里游了一天泳，又在海滩的篝火旁睡了一夜以后，次日清晨皮肤散发出的气味。现在，无论我走到哪里，行李箱里总是装着一小瓶"海浪"，它总会让我想起斯洛海岸旁的家。

不过，水的味道比它的气味更难捉摸。气味和味道彼此交融，互相滋养，密不可分；不过，气味直接进入大脑的边缘系统，但味道包括味觉、嗅觉、触觉、质地和温度（有时候甚至还有痛觉），大脑必须综合处理这些信息，这个过程要靠大脑皮质里的味觉区来完成。很多人对某种味道有着与生俱来的强烈好恶。母亲在怀孕的时候吃的东西可能会影响你的偏好。有人喜欢甜，有人喜欢咸，还有人喜欢苦，不一而足；有的人受不了某种食物的质地或气味（比如球芽甘蓝或者西兰花），有的人完全不能吃辣。从另一个方面来说，对大部分人而言，总有某些食物能触发他们最强烈的情绪。妈妈做的苹果派或果仁蜜饼，你小时候每周四晚上都要吃的巨无霸汉堡和奶酪，祖母做的豆子饭、肉丸、羽衣甘蓝或者馅饼——只要闻到一点点类似的气味，你就会想起童年。

对很多人来说，水的味道其实就是咸味——或者更确切地说，是水生生物的味道。你吃下一片新捕捞的鱼生，或者将多汁的贻贝、蛤蜊、生蚝送到嘴边的时候，难免会暗自想道："尝起来就像大海 / 湖泊 / 河流。"如果你在近水的地方吃过海鲜，那么你一定明白，其他感官也能增强味觉方面的享受。2006年，实验心理学家查尔斯·斯宾塞、马亚·U. 尚卡尔与名厨赫斯顿·布鲁门塔尔合作进行了一项实验，探查环境对味觉的影响。当时英国举行了一场关于艺术与感官的研讨会，他们给参加开幕式的嘉宾送上生蚝，同时在不同的区域分别播放两种背景音：一部分嘉宾听的是海鸥叫声和海浪组成的"海洋之声"，另一部分嘉宾听到的背景音来自农场，其中包括咯咯的鸡叫。结果不出意料，听着海洋之声的嘉宾觉得生蚝更加美味。[22] 赫斯顿在布雷附近开了家名叫"肥鸭子"的餐厅，实验结束后，他为餐厅添加了一份"海洋之声"菜单。他把盘子装饰成海滩的样子，有沙子，有海藻，还有泡沫，盘子中央是盛放在贝壳里的 iPod 耳机，食物围绕贝壳摆放。客人戴上耳机，一边听"海洋之声"一边用餐。视觉、听觉、嗅觉和味觉浑然一体——这道菜果然成了肥鸭子餐厅的招牌。

赫斯顿的创意菜品让我们看到了声音的重要性。很快我们就将深入讨论这个主题，不过在此之前，我们先聊聊另一种感觉：触觉。

触 感

站在奔涌的瀑布旁，你会感觉自己的骨头微微发颤；乘船在平静的湖面上游荡，轻柔的水波晃得你昏昏欲睡；在游泳池里游上几圈，你觉得自己的身体轻若无物，仿佛被周围的水完全托了起来；清晨或夜晚，站在温暖的淋浴喷头下面，你感觉深入肌肉的疲惫逐渐消失。你的身体将丰富的感官刺激传向大脑，这些感觉就是我们在现实世界中的锚，它清晰地告诉我们自己的身体所处的位置，帮助我们将漫无目标的思绪拉回当下。如果没有这些感觉——触觉、压力、温度、重量、运动、姿态、平衡、振动和疼痛——我们就无法与外部世界安全互动。

皮肤、骨头、肌肉、关节和内脏里都有接收感觉信号的神经细胞受体，这些信号会通过脊髓里的感觉神经传到丘脑（它也是视觉和听觉信号的传递中枢），接下来，各种感觉信号会被分配到对应的脑区。负责触觉的是体感皮质区，这里有更多专门处理身体敏感区域（例如脸部、手部和肩部）信号的神经元。痛觉、本体感觉和姿态主要由小脑处理；维持肌肉张力和姿态的无意识神经通路也位于这个脑区。要理解这一点，你可以试试有意识地放松身体，一瘸一拐地走路。这和你平时的步态大概很不一样，哪怕你已经完全放松，没有刻意维持自己的姿态。帮助你维持平衡的还有前庭系统，它从内耳道直达脑干，然后通往小脑和网状结构区。

在讨论神经可塑性的时候我们已经清楚地看到，我们的身体会根据环境不断做出调整，形成一个反馈闭环。感官帮助我们感受外部世界，与此同时，外部世界也会向神经系统提供大量信息，引发我们的关注。让我们与感官世界"保持联系"的基本元素不止一个，其中水的正面意义可能远超其他所有。水拥有实实在在的质量，它比空气重，又和土不太一样：我们可以在水中穿行。像土一样，水能够支撑我们，承担我们的重量；由于人体的密度和水差不多，水实际上可以托着我们上浮。在水中我们会觉得自己变轻了，所以身体有缺陷的人很适合在水中锻炼。"浸泡在水中，你会感觉自己变大了，身体轻飘飘的，同时又很沉重。你变得轻若无物，却又充满力量。"泳者莉安娜·萨普顿这样写道。[23] 没有火我们就无法活下去，但水的核心地位不容置疑。

感官将我们与周围的世界牢固地联系在一起——不过与此同时，它也困住了我们。演化生物学家斯科特·桑普森在线上沙龙 Edge.org 中曾这样形容："我们困在自己的皮囊里面。"（当时有人向他提问，"哪些科学概念应该进入人们的常识？"）[24] 我们很容易忽视一个事实：组成人体的原子与世界上的其他原子并无任何不同，我们每呼吸一次空气、每吃一口食物都在与外部世界交换分子，新的皮肤细胞不断生长，旧细胞随之脱落。我们忘记了自己与自然界中的一切息息相关，所以才难以体会感官带来的极致之美。不过，如果能将高塔、桥梁、街道、咖啡厅、隧道和步道的建筑之美与蓝绿空间结合在一起，让村庄、城镇、城市、大都会的声音、气息和味道与自然完美融合，生命将变得无比美好。

浮 游 池 ： 放 空 的 大 脑

在靠近水的地方，尤其是在水中，我们身体的感觉——触觉、压力、温度、运动、姿态、平衡、重量、振动——会变得无比鲜活。不过有一个地方，你在水中会感觉到彻底的空无，身体不会接收到任何刺激信号，于是大脑里会发生一些不同寻常的事情。2010年，声学艺术家兼音乐家哈尔西·伯艮德和我合作完成了一个名叫"海洋之声"的项目。我们请来自全世界各年龄段的人们来谈谈水、海洋和自己的感觉，然后录下他们的声音，将这些话语编织成一曲交响乐。很多人谈到了待在水里的身体感受。

"我觉得很放松，整个人漂了起来。"

"我感觉到了失重。"

"就像漂浮在无限之中。"

"离开大海以后的几个小时里，我依然感觉身体仿佛在随着水的起伏而摇摆。"

"我觉得大海就像清凉的雾。"

"我感觉得到了彻底的接纳和保护。"

不久前，我发现自己站在一个白色光滑的舱室外面，正在拉它的门。这个东西看起来很现代，要不是它放在一间小屋子的角落里，你可能会觉得这是一辆高速电动汽车，或者是个潜水舱，甚至是某种飞行器。实际上，它和这些东西完全无关。它是一个特殊的设备，专为极致的宁静而设计：这是个浮游池，里面装着 97 华氏度（约 36℃）的温盐水——足足 700 磅盐会帮助我们的身体轻若无物地漂浮在水面上。漂浮在温水中的感觉胜过世界上最舒服的床铺，这个浮游池足够大，所以我的身体绝不会接触到池子的边缘或底部；舱室的隔音效果很好，我只能听见自己的心跳和呼吸的起伏；水和空气的温度也刚刚好，舒服得让身体忘记时间的流逝。周围一片漆黑——没有任何光线。

我脱下衣服，跨入舱室，关好舱门，伸展四肢，头向后仰。无论眼睛是睁开还是闭上，我都感觉不出任何区别。我觉得自己的眼睛应该是闭上的，或者是睁开的。谁知道呢？反正我不知道。

水和空气的区别同样不甚分明。我在黑暗里漂浮了大约30 分钟，各种图案、日程安排、紧急事项和奇思妙想依然在脑子里不停地打转。然后，奇妙的事情发生了：要我来说的话，感觉像是融化。所有的参照点、图形和想法开始软化消融，就像丢进水里的药片。时空感，这一天、这一月、这一年的计划，都开始慢慢融入那彻底的空无。最后，无尽无穷的开阔感彻底占据了我。

漂浮在温暖的水中，周围漆黑安静，这样的状态真的非常放松。就像一个更大、更安静的子宫？或是原始热带海洋的晚上？很难说得清楚。香提是圣克鲁兹山碧薇小疗中心的主人，打开舱门时，她告诉我时间已经过去了 90 分钟，我才知道自己在那个隔离舱里待了那么久。不过，无论她告诉我时间过了多久，我都不会怀疑。（"欢迎来到 2020 年，尼尔克斯博士。"她会递给我一杯水，然后这样宣布。"哎呀，谢谢你，香提。"我将这样回答。）我慢慢挪出舱门，给感官充分的适应时间，让它们重新开始工作。我曾持续数小时凝望大海，现在脑子里的感觉和那时候一模一样——冥想者潜心努力多年，就是为了达到这种"无念之念"的状态。我一生中和水打过无数次交道，但没有哪次和这次一样。我突然明白了为什么有那么多人喜欢浮游，无论是软件工程师、高科技企业家、作家、演员、其他创意职业从业者，还是国家橄榄球联盟的球员，甚至（据说）还有美国海军海豹部队的军人。浮游池绝不仅仅是一个装满盐水的池子——那么，它到底是什么呢？[25]

约翰·李利博士是研究隔离带来的影响的先驱之一。"我的研究表明，排除了一切外在危险因素之后，你的内心……将体验到你容许自己体验的一切，"他在《安静的中心》（*The Quiet Center*）里写道，"有的人会感受到极度的平静。"[26]

李利报告称，最初大约 45 分钟的时间里，"白日的余韵仍占据主要地位……慢慢地，（浮游者）开始放松下来，享受这段体验。"这和我的经历十分相似。不过在下一个阶段，大脑会进入一种既紧张又无聊的状态。麦吉尔大学的唐纳德·赫布博士和其他研究者一直在探索这种彻底的隔离带来的影响：受试者失去了方向，感到有些迷惑，他们开始渴望刺激，最终产生妄想和幻觉。（难怪国际特赦组织会把彻底的感觉剥夺归类为酷刑。）但是李利表示，如果能通过练习或强大的精神战胜对刺激的渴望，浮游池里的受试者会掀开通往空无的"黑幕"，进入"高度个人化、情绪化的放空幻想状态"。他们的理论认为，浮游池让大脑从清醒状态（β波）过渡到醒着的放松状态（α波），最终进入类似半睡半醒（θ波）的有意识深度冥想状态。在这个状态下，思绪彻底放空，就连脑子里的声音也沉默下来，而且常常伴有融为一体感和极乐感——作家塞斯·史蒂文森称之为"在不嗑药的情况下能体验到的最接近嗑药的状态"。[27]

现在，浮游池已经成为一种试验性疗法，用于治疗各种身体、精神和情绪上的小毛病，包括慢性疼痛、高血压、运动障碍、紧张性头痛、失眠，等等。出于某些原因，关于浮游的大部分研究来自瑞典，那里的医生用它来帮助压力过大处于崩溃边缘的高级管理人员和患有 ADHD（注意缺陷多动障碍）、自闭症、PDST（创伤后压力症候群）及抑郁症的年轻人，除此以外，浮游池还能辅助治疗压力带来的身体疼痛甚至颈部扭伤。在实践中我们发现，浮游能激发创造力，提升患者的心理和生理表现。也许你从来没尝试过浮游池，我或许也没机会再体验一次。不过世界上到处都有类似的环境，可能有的安静一点，有的吵一点；有的大一点，有的小一点；有的暖和一点，有的冷一点；有的光线明亮一点，有的暗一点。你总能找到一个地方，能让你舒舒服服地把脖子以下的部位都浸入水里；在这样的时刻，请闭上眼睛深吸几口气，让自己沉浸得深一些，再深一些。

红色思维与蓝色思维

要想控制红色思维的能量，将之转换为健康的专注力和创意，我们就必须设法将它驯服。

　　2011 年第二届蓝色思维峰会开幕之前，桑兹科研公司做了一项研究。他们给 45 位女性受试者观看了一些视频，其中有广告，有《周六夜现场》的搞笑节目，还有三段与水有关的短片：第一段是海龟游泳，第二段是水底的海藻森林，第三段是河畔风光。研究者通过 EEG 和眼动监测搜集了这些典型受试者观看视频时的脑部响应，评估史蒂夫·桑兹所说的"情绪价"：即每段视频带来的正面 / 负面、向往 / 厌恶的反应。桑兹科研的副总裁布雷特·菲茨杰拉德表示，追踪受试者大脑两个半球额下回区的电活动，"我们能实时看到受试者观看特定图片时的情绪状况"。

　　神经学家凯瑟琳·弗朗森与世界冲浪保护区的宣传大使若昂·德梅斯多合作阐述了两种不同的精神状态（我愿意称之为"蓝色思维"和"红色思维"），尤其是这两种精神"地图"在水边分别作何表现。作为研究生理性和心理性压力的专家，弗朗森进一步将红色思维定义为一种"明显的亢奋状态，主要表现为压力、焦虑、恐惧，甚至可能还有一点愤怒和绝望"。这是我们在演化过程中形成的对压力的生理性响应，它曾帮助我们的祖先幸存下来。"神经内分泌系统的所有运作机制都是有原因的，"弗朗森表示，"在人类祖先逃脱掠食者抓捕、寻找食物和配偶、为生存和交配而战的过程中，这些'红色思维'激素至关重要。"

贾马尔·尤吉斯觉得自己看到了一条鲨鱼，于是他的大脑立即开始分泌大量的去甲肾上腺素、多巴胺和皮质醇，这正是人在红色思维状态下的典型反应。这些激素让他的感官变得更加敏锐，让肌肉爆发出平时不可能拥有的力量，帮助他逃脱掠食者的追捕。与此同时，红色思维激素还能带来愉悦感，大幅提高人的警惕性，在跳伞、定点跳伞、攀岩和大浪冲浪等极限运动中，这非常有用。正如若昂所说："我们不会在搏击场上盘腿摆出莲花式。那里充满动荡和变数，在这样的地方，我们需要的是极度敏锐的头脑。"

"我们需要这样的压力响应，它非常重要。"弗朗森补充道，"可是今天，那些不至于危及生命的刺激源也会触发同样的生理响应机制，也就是说，我们在邮箱里看到贷款账单时出现的生理性响应和人类先祖看到狮子的时候一模一样。现代生活中生死攸关的压力源基本已经彻底消失，但我们的压力激素却依然敏感，所以我们时时刻刻都处于一种焦虑的状态中。因此，红色思维带来的压力反应在日常生活中无所不在。不幸的是，某些与压力有关的神经化学物会损害我们的身体，例如皮质醇。哪怕最轻微的压力都可能带来持续两小时的影响。"反复出现或持续性的压力会损伤身体各个系统。事实上，全球最主要的十种死亡原因几乎都与压力有关，或者压力会让它变得更加严重。慢性压力会让杏仁体一直处于紧张敏感的状态中，还会削弱海马体，让它无法产生新的神经元，进而影响我们学习、保存信息的能力和记忆力。过多的皮质醇和糖皮质激素会耗尽帮助我们保持警觉的去甲肾上腺素，同时还会抑制多巴胺和血清素的分泌，最终让你感觉疲累乏味、筋疲力尽、闷闷不乐。[1]有研究表明，负责有意识自我控制的神经回路对哪怕最轻微的压力都非常敏感。"反复激发压力响应系统无异于杀人。"弗朗森说。

所以，我们为什么不尝试着做出改变呢？

随　　　　时　　　　在　　　　线

进入 21 世纪的第二个 10 年以后，人们的生活似乎已经离不开电子产品了。只要周围有信号，我每天至少要检查一次电子邮箱——有时候甚至一小时检查一次。我的手机十分老旧（孩子们提醒我这个手机早就该换掉了，屏幕都裂了），不过它能干的事情绝不仅仅是打电话。现在很多科学期刊和研究者开始把自己的论文放到网上（通常是贴在开放获取的学术网站上），让其他科学家可以方便地查找，这无疑为我的工作带来了极大的便利。我订阅了推特的推送（不过我可不敢说自己的步伐能跟得上那些最有悟性的科学家），在我推广蓝色思维的过程中，我自己的网站也起了很大作用。所以，真正的挑战在于如何平衡网络世界与现实生活，或者至少能够遏制、引导、控制近在指尖的技术浪潮；要控制红色思维的能量，将之转换为健康的专注力和创意，我们必须设法将它驯服。

微软研究院的前研究员方洙正认为，普通人一天通常会收发 100 封以上的电子邮件。当然，这是个平均数，实际上你收发的信息总数可能比这多得多。不过这只是个开始：同一天里你还会"34 次检查手机，5 次访问脸书，至少花半小时给朋友发信息、点赞……你跟人说话（或者打电话）的时间与网上冲浪、检查电子邮件、发短信和推特、玩社交网络的时间之比大约是 1∶5"。这些琐事每年会花掉你 90 个 8 小时工作日，这个数字相当惊人。[2] 方洙正还指出，近期的一些研究发现，"大部分工作者每天只有 3 ~ 15 分钟不被打扰的工作时间，而且他们每天至少要花一个小时——一年就是整整五周——来处理那些分散注意力的事情，然后重新开始工作。"[3]

我们暂停一下，好好想想：过去一年里，你花了一个多月来处理琐事。作家丹尼尔·戈尔曼指出，"专心工作时如果经常被打断，那么你总得花好几分钟时间才能重新集中注意力，这个过程通常需要 10 ~ 15 分钟。"[4] 这意味着要完成同一件工作，你需要花的时间比计划的多得多。

为了赶上进度，我们不得不延长工作时间，但这还不是问题的重点。通宵，一杯接一杯地灌咖啡，周末加班——我们通过这些东西来弥补浪费的时间，然而这又对我们的身体和职业生涯造成了更大的损伤。要知道背后的原因，我们需要更深入地讨论一下所谓的"多任务并行"，事实可能和你的想象大相径庭。

多　　任　　务　　并　　行

　　人类一直是多任务并行的高手。我们可以一边走路一边说话，一边淋浴一边唱歌，一边观察目标一边挥棍击打冰球，一边阅读一边大声念出来——这样的例子还有很多。加州大学洛杉矶分校的人类学家莫妮卡·史密斯相信，这种同时处理多个任务的能力在人类演化过程中扮演了至关重要的角色。"进入现代以来，多任务并行的复杂度上升到了全新的层面，但它的基础仍是人类早已拥有的基本技能。"莫妮卡说。但这并不意味着她觉得现在的局面没问题，"如今，多任务并行造成的负面影响比从前严重得多。"那么，是什么让局面急转直下？我们不妨思考一下"多任务并行"在现代社会中的含义。

　　你开车上路的时候有没有看到过旁边的司机正在打电话或者发信息？他们一边忙着手头的事情，一边任由自己的车在路上滑行。劳伦斯市堪萨斯大学的认知心理学家保罗·阿奇利表示，边打电话（或者发信息）边开车其实是同时进行两项任务，这不是真正的"多任务并行"。阿奇利说，事实上，大部分人并不会真正地同时处理多个任务，而是在不同的任务之间来回切换。这种方式需要付出代价。如果谈话的节奏变快或者内容变得更加复杂，你就需要分出更多的认知能力去处理它，这会挤占原本用于驾驶的脑资源。正如方所说，"多任务并行其实可以分为两种，其中一种是需要投入智力资源的创造性活动，它为我们带来快感；而另一种是效率低下的互相干扰，它只会让我们疲于奔命。"[5] 既然如此，一边发信息一边开车算是哪种？弗吉尼亚理工大学交通运输研究院的一项研究发现，在 80%

的车祸事故中，司机在出事前 3 秒内分过心。正如《哈佛商业评论》的专栏作家彼得·布雷格曼所说，"换句话说，他们的注意力转移了——打电话，换收音机频道，吃一口三明治，看手机上的信息——没有注意到周围的世界发生了变化。然后事故就发生了。"[6]

还记得吗，前几章里我们讨论过大脑会过滤掉大量输入信号。就算调动所有的神经元，我们也无法处理周围的每一件事——我们的认知能力就是没有那么强大。阿奇利解释说，如果谈话的节奏变快或者内容变得更加复杂，你就需要分出更多的认知能力去处理它，这会挤占原本用于处理其他事情的脑资源。最终你无法同时处理多个任务，你的注意力必须做出取舍。对于这种情况，曾任苹果公司和微软公司高管的琳达·斯通总结道："今天，我们知道大脑一刻不停地处理着各种任务——而且速度很快，所以我们看起来就像是可以同时应对两件事情，但事实上，我们只是在不同的任务之间快速切换……随时随地保持在线、任何时候都不能完全集中注意力，人为的危机感油然而生。持续处于注意力分散的状态下，我们时刻都保持高度的警觉。这种人为的危机感是长期注意力分散的典型特征，而不是简单的多任务并行。"或者按照方的说法，"在不断的任务切换中，你的大脑浪费了大量能量来完成底层的基本工作，所以你只剩下一点点带宽可以用来处理真正重要的事情。在这种情况下，你很容易忽视原本非常明显的联系，也很难建立新的关系。"

乍看之下你或许觉得有些荒谬。难道这不是个联系空前紧密的年代吗？考虑到有的事情的确非常重要，那么我们随时随地都能联系到某人或者获取某些特定信息，这难道不是件好事儿？不幸的是，也许我们正在被自己制造的洪流淹没。卡内基梅隆大学的社会学家、心理学家、政治学家兼经济学家赫伯特·西蒙说过，"信息的富裕造成了注意力的贫穷。"

"我们能获取的越多，能掌握的就越少"，这个概念得到了脑科学和生化领域的诸多研究支持。实际上，大脑越努力，我们真正吸收的信息就越少。（如果你试过在考前临时抱佛脚，那么这样的感觉你应该相当熟悉。）许多研究证明了这个结论，其中就包括迈克尔·梅策尼希做的一个实验。迈克尔发现，猴子在完成不动脑子的重复性任务时大脑不会出现任何明显的变化，但是，如果它们需要集中注意力来处理手头的任务，脑子里就会建立起强大的新"地图"。[7] 渴望葡萄糖的大脑一贯追求效率，它会想方设法地将手头的任务自动化，节省出能量来为新信息建立"地图"。试图同时处理多个信息流对大脑没有好处。斯坦福大学人与媒体互动交流实验室 2009 年的一项研究表明，所谓擅长"多任务并行"的人（他们通常会同时使用多个媒体），其实更难集中注意力，他们的记忆管理能力更差，也更难在多个任务之间高效切换。[8] 不堪重负的多任务并行者无法拓展自己的神经网络；他们的脑子在深深的沙坑底下挣扎，徒劳地试图爬回地面，却总是被垮塌的流沙带回原地，所有努力都看不到任何成效。彼得·布雷格曼精准地描述了这样的多任务并行有多危险："一项研究表明，被电子邮件和电话打断思路的人智商会下降 10 点。这是什么概念？相当于一整夜没睡觉，抽大麻的影响还不到这个的一半。"[9]

我们正在走向最糟糕的境地：持续的压力让我们的身体不

堪重负，甚至需要去医院治疗；认知能力的超载带来糟糕的决策；我们无法集中注意力，没有注意到周围的世界发生了变化，然后事故就发生了。

重　　　塑　　　大　　　脑

现代人大多居住在都市里，这样的环境对我们的注意力提出了更苛刻的要求。"你沿着街道行走，一路上原本已经不堪重负的大脑又会被迫接收成千上万个刺激信号——几百个不同年龄、不同发色的人穿着不同的衣服，说着不同的口音，有不同的步态和动作，更别提那些闪烁的广告，预防绊倒的路沿，还有人行道前抢黄灯的汽车。"亚利桑那州立大学心理学教授道格拉斯·T.肯里克写道，"研究表明，大脑得不到休息恢复就会超载……"[10] 不幸的是，这样的脑力超载又会带来凯瑟琳·弗朗森先前描述的慢性压力。现代人淹没在过度刺激的汪洋里，生理、心理和情绪都不堪重负。为了应对这样的局面，我们不由自主地投向咖啡、糖和可卡因能量饮料的怀抱，我们调亮灯光和屏幕，甚至还换上了快节奏的音乐，这一切无异于饮鸩止渴——我们陷入了红色思维的恶性循环。

如果运用得当，红色思维也能帮助我们更有效地识别、消灭生活中的压力源。弗朗森早年间迷恋过跳伞，她发现，周末的跳伞活动会让她在下一周变得更心平气和，更冷静。"我学会了分辨真正重要的事情，不再为小事而烦恼，无论那是一场考试、一篇论文还是同事之间的竞争。"她说。弗朗森提出，红色思维在极限运动中引发的激素风暴实际上能够帮助参与者重新校准日常生活中的压力响应水平。所以她做了一项针对极限攀岩者的调查。结果不出所料，这些冒险者在典型压力环境（比如说考试）中的皮质醇水平低于对照组。不过，我们大部分人并不打算通过蹦极和攀岩来"降低"自己的压力响应。那么，让时间来纾解压力会不会更简单一点？非营利性组织"海洋事务"致力于增进年轻人对海洋的认识，该组织执行董事劳拉·帕克·罗尔登解释说："自然环境能激发大脑其他部分，让疲惫的额叶（负责执行功能、认知控制、监督注意力）休息一会儿。与情绪、愉悦和同理心有关的脑区接手了额叶的工作，让大脑平静下来，我们可以通过脑扫描和血液检验看到这样的变化。"[11]

20 世纪 80 年代，来自密歇根大学的两位心理学家——史蒂芬和瑞秋·卡普兰——将这种疲累定义为"受控注意力疲劳"。他们在后来的一篇论文里提出，[12] 注意力分为两种：一种是受控注意力，它需要消耗大量能量和专注力；另一种是不自觉的注意力，它基本不会耗费任何心力。用心完成某个任务、做出某个决策、与他人交流、开车看路、打电话、发短信、选择晚餐食物，这些活动消耗的都是受控注意力。如果周围的环境主要消耗的是受控注意力，大脑很快就会疲劳，我们会感到"心累"。从另一个方面来说，远离日常生活的新鲜环境消耗的主要是不自觉的注意力。当然，周围必须要有一些熟悉的东西，你才会感到安全；同时又有丰富的新鲜事物，让大脑应接不暇。在这样的环境下，很多小东西都会突然吸引到我们的注意，但我们又不必为它耗费太多精力，也不必做出任何响应——所以大脑可以得到充分的休息。卡普兰夫妇提出，不自觉注意力高度活跃时，受控注意力就可以放松一会儿；而且他们相信，走进大自然，这是帮助大脑从受控注意力切换到不自觉注意力的最佳方式。"我们的祖先生活在大自然中，"史蒂芬·卡普兰表示，"所以我们会觉得（这样的地方）更舒服、更让人放松、更像家。"

　　这些年来，卡普兰夫妇和其他科学家、心理学家仍在继续研究大自然带来的恢复效果。在 2008 年一项研究中，科学家给受试者安排了一些消耗大量受控注意力的测试，然后让他们去大学植物园或是城市的核心区散步 50 ～ 55 分钟。散步回来以后，受试者还得再做一次测试。结果表明，在植物园中散步的受试者第二次得到的分数明显高于在市中心散步的那组。神经科技公司是一家神经工程学企业，他们曾研发出一种轻型多通道无线 EEG 扫描设备，看起来就像游戏玩家戴的耳机一样；2013 年，建筑学、环境心理学、健康领域和城市设计领域的研究者与这家公司展开了合作。研究者给受试者戴上 EEG 耳机，让他们分别在爱丁堡三个不同的区域散步 25 分钟：一条两侧有商店的街道，一条绿色空间中的小路，还有一条是繁华商业区的大街。五通道耳机将实时的读数传回实验室，研究者可以从中看到受试者的各种脑部活动，例如兴奋、挫败、专注、唤醒和冥想（用神经学家的专业术语来说，这些脑部活动会表现为 α 波、β 波、θ 波、δ 波和 γ 波）。结果表明，受试者在绿色空间中散步时，挫败感、专注度和唤醒程度都有所下降，代表冥想的脑波则出现了增长；当他们离开绿色空间以后，专注度开始上升。（这个结果和桑兹科研的典型组实验十分相似。）

蓝

色

思

维

自然环境为什么能让大脑放松下来？在第一届蓝色思维峰会上发表演讲后不久，迈克尔·梅策尼希从神经可塑性的角度做出了解释。

我们为世界创建模型的过程分为两个部分。首先，大脑不断地试图记录、阐释各种物品和事件的意义，然后它从中提取自己认为重要的东西，根据这些东西来构建模型、调整自我。接下来，大脑开始试图掌控和抑制那些不重要的东西。你可以把这看作一个将背景模式化的过程。

在自然环境中，尤其是在水体附近，事物的特征具有统计学上的高度可预测性，因为周围的东西不会出现太大的变化。背景完全可控，而且还有点梦幻——换句话说，高度模式化，所以大脑中有一部分区域可以放松下来。与此同时，大脑不停地在背景中寻找扰动和不和谐因素，或者说不吻合已有模型的东西。归根结底，野外生存的本质是对扰动做出恰当的应对。不过，如果大脑真的发现了不同寻常的东西，这又会带来惊奇感和新鲜感。

这样的新鲜感是蓝色思维的核心优势。正如约翰·梅迪纳在他的著作《大脑信条》（*Brain Rules: 12 Principles for Surviving and Thriving at Work, Home, and School* ）中所说，面对新的刺激，大部分动物的大脑会迅速做出评估：我能吃它吗？它会吃掉我吗？我能和它交配吗？它会和我交配吗？我以前见过它吗？第一届蓝色思维峰会之后，迈克尔·梅策尼希又从灵长类大脑的角度做出了解释：

从神经可塑性的角度来看，它的原理是这样的。针对猕猴的实验证明，大脑会积极地改变自己，对正常背景中的扰动做出更强的响应。在这个过程中，所有相关的神经通路都会得到强化，其他通路则会被削弱。所以从某种意义上说，大脑全力处理扰动的时候会抑制背景信息。现在，自然环境的复杂度远小于人造环境，在这种相对简单的背景中，大脑可以敏锐地发现任何轻微的扰动。因此，自然环境中发生的任何事件——比如说降落在岸边的一只鸟，或者跃出水面的一条鱼——都会立即引发大脑的兴趣，吸引它的注意力。事实上，因为大脑有更多能量来捕捉外界刺激，它对扰动的响应变得更加敏锐。所以，水边的自然环境会不断地引诱大脑、挑逗大脑，激发大脑的兴趣。对我们的大脑来说，自然环境中的每一个扰动都会带来神经学上的小惊喜。

为什么自然环境中的背景和扰动对大脑特别有益？我们试想一下：水时时刻刻都在变化，不过从本质上说，它每时每刻看起来都大同小异。对我们的大脑来说，这种常规平稳背景下的小惊喜是非常理想的放松方式。如果你待在水边：耳畔的声音，眼前的景色和鼻端的气味时时刻刻都有微妙的变化，同时却又亘古不变。有规律，却不乏味——这样的条件很容易触发不自觉注意力，令人感到松弛。相对于单调得令人窒息的日常环境，自然界更容易带来轻松和解脱。

"水上英雄"

视频《水上英雄》的开头非常安静，波光粼粼的水上跳动着金色的阳光，一艘皮划艇的剪影出现在远方，有人手持鱼竿坐在皮划艇上。伴随着轻柔的钢琴曲，画面切换成了一个男人穿着短裤的下半身，他站在河岸上，前方是一排皮划艇。你还没来得及看清这个男人只有一条腿，画面再次切换到了俯视的视角，有人坐在一艘明黄色的皮划艇上，一只手握着桨……而他的另一条手臂手肘以下的部分都不见了。一个声音说道，"IED 之后，生活仍将继续。"伊拉克和阿富汗的当地势力经常用 IED（简易爆炸装置）来对付以美国为首的联军，联军中60% 的阵亡士兵死于 IED 袭击。

接下来你会看到 3 个 20 多岁的年轻人，其中一个坐着轮椅。他们 3 个人都有肢体残疾。一个小伙子剪着短平头，身穿T 恤，白色工装短裤下面左腿闪亮的黑色义肢相当显眼。他自信地望着镜头，仿佛看到了未来的无限可能："只要还能钓鱼，还有什么事情是你做不到的？"

从 2007 年以来，"水上英雄"（HOW）项目帮助了超过 3000 名伤兵和老兵，皮划艇钓鱼是他们主要的康复项目。HOW 的创始人吉姆·多兰表示，皮划艇钓鱼具有三重疗效：身体上的（划桨和钓鱼都需要消耗体力），职业上的（老兵们会学到新的技能和运动方式，让他们受益终身），以及精神上的（水上活动带来自由感和放松感）。"我自己有切身体会，在水上，生活中的一切烦恼都消失了，"多兰说，"我觉得对他们来说也一样。"

30 多年来，乔丹·格拉夫曼博士一直在研究人类大脑的功能。格拉夫曼曾经是 NIH 国家神经性疾病和卒中研究所的认知神经科学主管，目前他领导着芝加哥康复研究所的脑损伤研究项目。作为脑损伤（TBI）领域的资深专家，他非常了解

TBI 对 PTSD 的影响。格拉夫曼对专业的热忱掩盖了 TBI 的残酷本质,不幸的是,过去 10 多年来,他得到了很多研究对象。"平民中的 PTSD 患病率只有 3% 到 6%,"在第三届蓝色思维峰会上,格拉夫曼表示,"而在地震或海啸等自然灾难的幸存者中,PTSD 的患病率是 4% 到 16%。"但是,参加过战斗的军人被诊断为 PTSD 的概率高达 58%。根据兰德公司 2008 年的一份报告,自 2003 年以来,共有超过 62 万名从伊拉克和阿富汗归来的男女军人被诊断为 PTSD、严重抑郁或 TBI。[13]

　　PTSD 的病因主要是创伤性体验和经历引起的大脑功能失调,比如说,多重压力撕扯的环境、失去朋友和爱人后挥之不去的悲伤,这都是 PTSD 的明显诱因。"面对创伤性事件,人们会感觉恐惧、无助或者害怕,"格拉夫曼说,"他们失去了安全感,觉得自己对环境无能为力。他们或许还会为自己活了下来而感到羞愧。然后,这段经历会反复地折磨他们,比如说他们很容易触景生情,或者梦到当时的情景,甚至产生幻觉。这段记忆非常敏感,很容易被唤醒。"每一次重复都会加强创伤事件与痛苦感觉之间的联系,让人(通常是不理性地)害怕未来还会发生类似的事情。通过这个例子我们可以看到,大脑的神经可塑性有时候也会成为诅咒,红色思维的墨水描绘出负面的神经地图,然后又不断强化。"很多 PTSD 患者都会失眠。"布莱恩·弗洛雷斯是蒙特利郡心理健康委员会的会员,他自己也饱受季节性情绪失调(SAD)的折磨。他报告称,"你一闭上眼就会看到那次车祸或者带来创伤的其他事件。"睡得好才会有好梦,而好梦对创造性、学习和记忆都十分关键。

　　PTSD 和压力会直接影响大脑的杏仁体、海马体和内侧前额叶皮质。"杏仁体不但掌管着情绪和恐惧，还会影响我们对世界的安全感。"格拉夫曼继续解释，"海马体是日常记忆形成归档的重要脑区，杏仁体则负责给这些记忆贴上情绪标签。内侧前额叶皮质对信念、日常记忆和片段记忆的检索都非常重要。而杏仁体和内侧前额叶皮质似乎都与 PTSD 的形成有着密切的关系。"

那么，"水上英雄"这类项目能带来什么帮助呢？格拉夫曼推测说，"面对海浪舒缓的韵律，很多人只想举手投降。水同时具有放松和刺激两种功效，这会影响人类行为，带来积极的情绪变化。我怀疑，水带来的直接体验会影响与创伤后压力有关的多个脑区，让人平静下来，慢慢习惯 PTSD。"他补充道，"针对脑活动的多个研究表明，内侧前额叶皮质在洞察力闪现的瞬间特别活跃，不过同样重要的是，积极的情绪也会影响这片脑区。你的情绪越高昂，洞察力越敏锐，内侧前额叶皮质就越活跃。因此，提升情绪有助于提高内侧前额叶皮质的活跃度。"

神经学家约翰·哈特是达拉斯脑健康中心的医学主管，他也参加了"水上英雄"项目帮助老兵的活动。约翰的看法和格拉夫曼大体相同："水会同时影响五感，在我们脑子里留下积极而鲜明的图像和记忆。水上活动留下的美好记忆会帮助他们覆盖脑子里挥之不去的糟糕记忆和图像，这也许可以打破那层壳，让他们重新回到正常的世界里。"而且水不是被动的死物：大多数情况下（尤其是坐在皮划艇上手持钓鱼竿的时候），我们必须与水互动。正如格拉夫曼所说，"我们对水充满敬畏和好奇，它带来了许多挑战。"水以积极的方式吸引了我们的注意力，让我们专注于眼前的一切，不去想其他东西。

"鱼　　　缸　　　效　　　应"

我们此前讨论过，多个研究表明，与水的间接接触也能带来恢复效果。研究者发现，自然景观——无论是在窗外还是在艺术作品里——能改善患者的感觉，加快恢复速度。[14] 一些研究者探查了医院花园对患者的影响，结果表明，在花园里散步甚至透过窗户看到花园的景观都能帮助患者减轻情绪上的压力和身体上的痛苦。[15] 科学家做了一项有趣的调查，他们在心脏手术恢复期患者的床尾装了一块小板子，上面分别放了三张图片。其中一张是茂密的森林，第二张是开阔的水景，还有一张是抽象画或者干脆是空白。和其他研究一样，科学家最终发现，观看自然景观的患者需要的止痛药更少；不过最有趣的是，水景组患者的焦虑度明显低于森林组。

观赏水景和水族馆里的鱼也能帮助我们减轻压力，改善情绪。研究者在英国普利茅斯国家海洋水族馆做了一个实验，112 位受试者被分为三组，研究者让他们站在鱼缸旁观赏 10分钟。第一组受试者看到的鱼缸里什么都没有，第二组的鱼缸里只有几条鱼，第三组的鱼缸里有各式各样的海洋生物。研究者监控了受试者的血压和心率，并请他们报告自己的放松程度。在最初的 5 分钟里，三组受试者的血压都出现了明显的下降，第三组受试者的心跳、放松度和情绪改善的幅度均大于另外两组。1984 年，来自宾夕法尼亚大学牙医与兽医学院的研究者做了个实验，他们在非急需口腔手术前采用了几种不同的方法来帮助患者缓解焦虑，对照条件分为两组：观看水族箱／观看海报，进行催眠诱导／无催眠诱导。结果发现，无论有无催眠，观看水族箱带来的放松效果都更加明显；事实上，深入分析数据后我们发现，人们在欣赏水族箱时体验到的高度放松状态与催眠完全无关。

目前为止，在我们讨论过的所有事例中，这些结果是最重要的。不过，尽管有这么多数据揭示了水的益处，但要拥抱一种新的生活方式没那么简单。如果在水边坐一会儿就有可能被炒鱿鱼，那么我们也无法强求大家。不过，与其他澄心静念的方式不一样的是，水可以帮你完成一部分工作。当然不是全部，但至少能完成一部分。要进一步解释这一点，我们需要谈谈之前一直没有讨论过的一种感觉：听觉。

安　　　静　　　与　　　喧　　　嚣

建筑师和城市规划者早就明白，城市环境中的水景能够有效地提高都市生活的质量。"都市风景中充满了毫无意义的信号，大多数人会觉得这是恼人的噪音。这些信号有的来自车辆（例如引擎声和路上的噪音），有的来自固定的机器（例如空调）。"《声景生态学：景观中的声音科学》（*Sound Ecology: The Science of Sound in the Landscape*）的作者在文中写道。"分贝"是衡量声音大小的单位，它是按照对数增长的。0分贝是指我们能够听到的声音下限，而人类能承受的最大声音阈值通常是 140 分贝，儿童还要更低一些。10 分贝的跨度意味着你听到的声音大小翻了一倍，声音本身的等级则提高了 10 倍。也就是说，对我们的耳朵来说，20 分贝的吵闹程度是 10 分贝的两倍，30 分贝是 10 分贝的 4 倍，而 40 分贝是 10 分贝的 8 倍，以此类推。如果暴露在 165 分贝的声音环境中，哪怕时间极短，你的内耳也可能遭到永久性的损伤。纽约地铁车厢内测得的地铁站台噪音等级介于 106 分贝到 112 分贝之间。[16] 再说得具体一点，我们普通闲聊的声音大约是 60 分贝，树叶的沙沙声、小溪的潺潺声或者皮划艇外的水流声大约是 20 分贝。

不难理解，千百万年的演化为什么会让我们的声音处理系统变得极其敏感。环境中最轻微的噪音也会引起我们的警觉，脆弱的听觉系统很容易不堪重负，疲累过度，最后出现问题。长期生活在高交通噪音环境下的人罹患高血压、心脏病和免疫系统疾病的风险都更高。这些噪音不但烦人——而且要命。

作为哈佛医学院专门研究声音影响的资深研究员，雪莱·贝茨对声音和水的关系很有发言权："在生命最初的九个月里，我们一直生活在水中，透过子宫里的羊水聆听外界的声音，"她说，"我们听到母亲的心跳和呼吸，还有她的消化系统发出的汩汩声……这些富有韵律的水声和大海的声音十分相似。也许正是出于这个原因，大海总会为我们带来平静和放松的感觉。"从胎儿期开始，声音就深深影响着我们的生理、心理和情绪。如果长期暴露在噪音环境下，身体会分泌大量的压力激素，不仅会损害听觉，还可能危害我们的整体健康；[17]轻缓舒适的声音能够松弛神经，改善情绪，提升专注度。贝茨表示，我们的耳朵天生偏爱水声，因为水的声音频率和音调都不高，而且富有韵律和节奏，音量也十分轻柔。

"从心理学的角度来说，"声学家迈克尔·斯托克写过一本名叫《听听我们在哪里：与地点有关的声音、生态和感觉》（*Hear Where We are：Sound, Ecology, and Sense of Place*）的书，他表示，"水的声音意味着生命。"而且声音无所不在。"你永远不可能屏蔽掉外界的所有声音——无论你怎么努力，声音总会敲打你的耳朵，摇撼你的胸膛，拍打你的脸颊。"

来自加州大学戴维斯分校心智与大脑中心的佩特·贾纳塔是一位认知神经学家，也是研究音乐和大脑的专家。贾纳塔认为，水的声音频率低沉，富有节奏，它的频率和韵律与人类的呼吸十分相似。他还提出，声音"会影响我们的大脑和情绪。如果我让你闭上眼睛，然后开始播放一张录有大海声音的唱片，你的情绪会立即发生改变"。水声的功效有点类似冥想，日本研究者的实验表明，森林里的溪流声会改变大脑内部的血流情况，让我们放松下来。全世界有数百万人利用水声来帮助自己入睡，[18] 大海的声音能够有效地安抚恐慌的病人。2012 年，马来西亚的一些牙医为等候室里 12～16 岁的病人播放了喷泉的水声，结果发现，与控制组相比，天然的水声让等待治疗的青少年的焦虑等级下降了 9 个百分点。

"大脑里的腹内侧前额叶皮质负责将感官输入信号（例如声音）与主观认知体验、情绪响应以及自我投射联系起来。"贝茨解释道，"这片脑区还掌管着我们的同情心和亲密感。所以情况很可能是这样的：愉快的声音很容易让我们产生正面的情绪，加深个体与他人及环境的联系。"

其他研究进一步证实了声音与情绪之间的关系。从技术上说，"波浪拍打海滩的声音与高速公路上的车声十分相似，它们听起来都是一阵阵的轰鸣，声谱与时间特性都很接近"。研究者把受试者送进 fMRI 扫描仪，然后分别向他们出示高速公路上车流的视频（"非宁静式"场景）和波浪拍打沙滩的视频，结果发现：

> 腹内侧前额叶皮质的状况反映了受试者的精神状态。与观看非宁静式场景的受试者相比，观看宁静场景的受试者听觉皮质与腹内侧前额叶皮质之间的联系明显更加活跃。与此同时，听觉皮质与后扣带回、颞顶叶皮质和丘脑之间的联系也变得更加紧密。[19]

所以，在听到的声音基本一致的情况下，大海的景象明显地改善了大脑的连通性。同样的声音带来的结果却如此不同。

1997 年，加州的一位心理神经免疫学（研究神经系统与免疫系统相互作用以及二者的关系对心理健康有何影响的学科）研究者向 10 位正在遭受慢性疼痛折磨的癌症患者出示了一段自然景观的视频，视频中有 15 分钟的海浪声、瀑布声和溪流声。看完视频以后，这些患者体内的压力激素（例如肾上腺素和皮质醇）水平下降了 20% ~ 30%。[20]

这是水的巨大优势：你不需要冥想也能享受到水的疗愈效果，因为它就相当于冥想。你也不用坐在岸边的沙堡旁或者独木舟上聆听水声，要获得蓝色思维带来的益处，你不必亲自前往海边。不妨回想一下之前提到过的那些临床研究：仅仅是看一眼大自然就能带来莫大的好处,而现在我们已经知道,有水的自然景观具有最强的疗愈效果。

你当然应该知道,商场中央喷泉的疗效无法与实地的水上活动(比如说手持钓鱼竿站在河边,或者找个阳光明媚的下午去海里人体冲浪)相提并论。但是,这些研究真正告诉我们的是,一些微不足道的东西可能带来魔术般的巨大变化,例如书桌上的鱼缸、一座小喷泉或者能够发出"美好"声音的机器。我女儿茱莉亚的书桌上放着一个中等大小的鱼缸,里面养着一只蜗牛和两条淡水鱼。来自我们家后院小溪里的访客偶尔会在鱼缸里逗留几天(然后我们会把它放回自然的栖息地里)。鱼缸里可供鱼儿躲藏的缝隙很多,细心的饲养员每天兢兢业业地喂养它们,还老趴在鱼缸前看个没完,仔细研究鱼鳍的每一个微妙动作。鱼儿两两相望,茱莉亚看着它们,我看着茱莉亚。是的,养在缸里对鱼儿来说或许不算理想,但这让我不由得想起了自己小时候的探索经历,幼时的我对水和水里的精彩生物充满好奇。看得出来,茱莉亚对这方面的知识越来越了解,与此同时,她的好奇心和同理心也在不断增长。我还知道,对茱莉亚来说,让鱼缸里的三个小伙伴陪着她写作业,比直接扔给她一个 iPad 或者打开电视要强得多。我没有量化计算过,但我感觉她在书桌旁的时候更快乐、更放松,所以她更可能在那里多待一会儿,专心致志地学习。(许多儿科医生的办公室里都有鱼缸。或许医生本人也说不清楚,但这样的摆设同样来自蓝色思维。)正如我们已经看到的,看鱼和代数并行不悖,无须进行多任务切换,这真是个神经系统与环境完美共生的优秀案例。请记住一件重要的事情:蓝色思维富有包容和弹性,绝不故步自封。游泳的时候，我们需要同时完成很多动作：踢腿、划动手臂、控制呼吸、观察前方。正是出于同样的原因，书桌上的小喷泉也能创造奇迹：它非但不会让我们分心，而且还能帮助我们集中注意力。（要是茱莉业在桌上放个打开的消防栓，那我们就进入红色思维的领地了！）

水、自然与理想的大脑

近年来，"大脑锻炼"变得流行起来，各种各样的网站和应用程序提供了大量基于神经科学的锻炼计划，帮助你提高认知机能、记忆、视觉注意力、处理速度、灵活性和执行机能。"加快思考速度，提升专注力，增强记忆力。"它们这样承诺。大脑锻炼的鼓吹者告诉我们，"你努力锻炼身体来保持身材、抵抗岁月侵蚀；现在，你同样应该锻炼自己的大脑！"不管这些训练有没有用，至少他们有一句话说得没错：大脑和身体一样"用进废退"。锻炼大脑可以维持已有连接的强度和活力，同时帮助你在学习中建立新连接。大脑和身体的其他部分一样，刺激太少会让大脑变得"懒洋洋"的，而过度活跃又会让它不堪重负；大脑需要各种各样的"锻炼"来拓展各种机能，同时也需要"休息恢复"的时间来巩固已有的神经连接。

前面我们讨论过受控注意力和认知性疲劳。过度的刺激会让大脑陷入某种精神上的超载，持续的高速运转让我们神经紧绷，精神疲惫。很多大学生都处于这种紧绷疲惫的状态中。这些青年的认知机能还在继续发育巩固，但紧张的氛围和充满压力的学习环境需要消耗大量受控注意力（当然，还有大量基础脑资源）——这又对发育中的大脑提出了更高的要求，所以这个年龄组的青年承受的压力比 25 岁以上年龄组更大。（数据雪崩威胁的不仅仅是高中学生，现在，几乎全年龄段的儿童和青少年都越来越依赖手机和平板电脑，这些电子设备已经取代了传统的跳绳、可动玩具和足球。）

几年前，研究者在中西部的一所大学里调查了 72 名居住在学生宿舍里的本科生。研究者按照宿舍窗外的景色把受试者分成了几组：有的宿舍窗外是树林和湖泊，有的是庭院和建筑，还有的只能看到砖墙和石板房顶。研究者挨个拜访这些学生宿舍，给受试者做了标准的认知测试，其中包括符号 - 数字转换测试（评估受试者的注意力、视觉扫描和运动速度）和内克尔立方体稳态图形测试（评估受试者引导自身注意力、抑制竞争性刺激的能力）。在所有的受试者中，窗外能看到树木和湖泊的学生认知测试得分最高，而且他们的"注意性机能"也更加活跃。[21]

犹他大学的心理学教授戴维·斯特雷耶非常关注紧绷疲惫的青少年，他一直专注于研究分心驾驶和电子设备对人类大脑产生的影响。2012 年，斯特雷耶参加了一项研究，他们试图弄清待在自然环境中（同时远离媒体与技术）是否有助于改善脑部的高级功能。露丝·安·阿特利和保罗·阿特利也参与了这项调查。他们观察了 56 位受试者在为期 4 ~ 6 天的外展训练远足活动中的表现。受试者在野外无法接触任何电子设备。出发当天清晨，一半受试者接受了远距离联想测试（旨在评估创造性思维、洞察力和解决问题的技巧），另一半受试者在远足的第四天清晨接受了同样的测试。结果发现，第二组测试者的得分比第一组要高 50%。"参与研究的第二组测试者已经在自然环境中待了一段时间，而且他们是在野外做的测试，"研究者写道，"虽然周围的环境相当恶劣，但目前我们得到的结果表明，真正沉浸在自然环境中的确能够明显地提升我们的认知能力。"[22] 而且，这样的改善似乎不是昙花一现：加州大学欧文分校的研究者发现，参加过野外背包旅行的受试者在几周后的校对测试（用于评估人们的认知表现）中依然可以取得更好的成绩。与此相对，在同样的测试中，另外两组受试者——其中一组受试者也参加了旅行，但目的地不是野外；另一组则一直保持平时的生活节奏——的成绩会随着时间流逝而下降。

"自然元素激发的情感响应能够重置我们的注意力，恢复大脑认知机能。"《生命经济学》(*The Economics of Biophilia*) 的作者写道。他们还补充说，注意力疲劳"带来的压力会让我们的心跳和呼吸变得更加缓慢，同时刺激消化以提升能量等级……最后导致大脑注意力分散、效率降低"。自然环境似乎的确能够激活"不自觉注意力"，让过度劳累的受控注意力回路得到休息，安抚大脑中一直紧绷的区域。不过，与此同时，自然环境吸引我们注意力的方式与日常封闭的都市环境完全不同。在城市里，我们的感官时时刻刻都在处理周围的景象、声音、气味、触感甚至味道，这让我们陷入了史蒂芬·卡普兰所说的"软着迷"状态：[23] 刺激信号接踵而来，我们的大脑只能被动接受。"大自然中充满了有趣的刺激信号，它们以自下而上的方式进入大脑，占用的注意力资源很少，这让自上而下的受控注意力得到了一个休息恢复的机会。"卡普兰和密歇根大学心理学家马克·贝尔曼、约翰·乔尼德斯在他们合作的一篇文章中这样写道。目前有很多证据表明，任何室内环境或者都市环境都无法带来这样的提升效果。

凯瑟琳·弗朗森深知自然环境与都市环境的区别，她试图通过小鼠实验来探查自然环境对认知表现的影响。大部分实验室小鼠都关在透明塑料和丝网做成的笼子里，每个笼子的地面面积大约是 140 平方英寸。笼子里通常会放一些木屑，正常情况下还会有喂食和喂水的设备。弗朗森的研究小组在一部分小鼠的笼子里添加了一些自然元素——小树枝、石头、绿叶，又在另一组小鼠的笼子里放了几个塑料玩具。嘿，你瞧，笼子里有自然元素的小鼠表现出了更强的认知能力和解决问题的能力，神经可塑性也有所增强，而且它们更加勇于探索周围的环境。[24] 有趣的是，这些实验室小鼠是人工室内培育的，它们从未见过真正的"大自然"。这样的改善只是因为周围的环境变得更丰富，还是说自然元素触发了小鼠大脑中更深层次的回路？和其他许多心理学研究一样，发现相关性只是个开始，这个实验还不足以确切地证明自然元素与小鼠表现之间的因果关系，但是，这样的相关性与人类脑部研究的结果高度吻合。

不过，自然环境带来的最有趣的影响还得数大脑在放空时的运转过程。回想一下你上一次启动蓝色思维是什么时候的事儿：淋浴、泡澡、坐在河边，或者在河边散步？当时你可能什么都没想，放松心情，任由思绪信马由缰地发散。凝望波光粼粼的水面和溪水中的涟漪，你或许会做个白日梦，然后不情愿地回到当下的现实中。很长一段时间以来，科学家一直认为我们做白日梦或者"放空"的时候大脑什么都没干。但现在我们知道，在这样的时刻，大脑的默认模式网络其实非常活跃。换句话说，在你放空的时候，大脑并没有彻底放松下来。

M.A. 格林斯坦是一位精力旺盛的女性教育家，她剪着一头黑色的短发，蓝色的眼睛明亮清澈。格林斯坦所在的 GGI 研究所专注于推进脑研究，普及有关大脑健康的知识。她在第二届蓝色思维峰会上全面介绍了大脑的默认模式网络。"意识漂流是一种有意识的信马由缰，要真正理解神经系统的功能，它很可能是最关键的一把钥匙。"她说，（请注意这里使用的术语：虽然"漂流"在中古英语中的词源与放牧有关，但在现代语境中，这个词几乎专属于航海领域。）"漂流让我们进入默认模式网络：这套网络只有在我们不刻意注意任何事物的时候才会被触发。换句话说，一旦我们唤醒其他脑区的注意力，默认模式网络就会'下线'。这套网络会消耗大量葡萄糖，相比之下，它需要的氧气却少得可怜。"

后面这几句话看起来很奇怪：在我们不注意任何事物的时候，这套神经网络为什么会变得如此活跃？现在，科学家提出了一套理论：默认模式网络让大脑得以巩固已有的体验，有了这个过程，我们才能对将来的环境刺激做出恰当的响应。我们还发现，默认模式网络会不断地与海马体"聊天"，而海马体是神经可塑性发育的关键脑区，它帮助我们学习新知识、创造新记忆。"我们逐步发现，神经系统需要漂流，需要放空；只有在放空的时候，大脑才能高效处理涌入的海量信息，并将这些信息转化成神经化学物和体验。"格林斯坦总结道。

这些解释赋予了白日梦全新的意义——因为默认网络是创造力的源泉，也是解决问题的关键所在，所以做白日梦是件好事儿。多伦多大学的钟晨博、奈梅亨拉德堡德大学的艾普·狄克思特修斯和西北大学凯洛格商学院的亚当·加林斯基提出，"有意识的思考可能阻碍我们寻找创造性的解决方案——新的想法和联想常常在我们心不在焉的时候才会从脑子里冒出来。"[25] 的确，2012 年的一项研究从科学的角度证明了很多人的直觉：与其苦苦思索眼前的难题，不如暂时放开这个问题，漫无目的地想点儿别的东西，这样更容易找到创造性的解决方案。[26] 放空的大脑会处理之前收集的大量数据，将它们分类储存（我们的记忆是分散储存的，而不是整体存放在专门的区域里），在这个过程中，大脑开始融合来自各个区域的信息，形成新的联系。

新的想法、思路或者解决方案从脑子里一下子就蹦了出来，你经历过多少次这样的时刻？这是默认模式网络的功劳，它让你的大脑在不同的元素之间建立联系，由此创造出全新的东西。水边的自然环境会带来丰富的感官刺激，让大脑进入"软着迷"状态；有意识的注意力得到了休息的机会，默认模式网络开始运行。所以阿基米德才会在浴缸里想出测量不规则物体体积的方法，也就是著名的阿基米德定律。"Eureka！"（希腊语的"我知道了！"）这是真正的灵光一闪。

"水边的环境独一无二，"迈克尔·梅策尼希表示，"水带来的感觉，大海的气息，眼前的鸟儿，新奇的小玩意儿，水面上的船只——这都是水边独有的元素。在这样的环境中，我们会本能地觉得平静、满足、沉醉其中。"自然环境的细微变化——波浪或者瀑布的声音，空气中的负离子，吹拂的微风——吸引着大脑的网状结构，这个脑区负责评估当前环境下处理新刺激所需的警觉度。通常情况下，这些细微变化触发的警觉只会表现为轻微的好奇和警醒，所以我们可以放松注意力，仟中默认模式网络在幕后静悄悄地运转。博物学家康拉德·洛伦兹曾经写道，"你可以坐在水族箱前凝望好几个小时，就像凝望篝火或者流水一样。所有有意识的思想都快乐地迷失在虚空之中，不过，就在这无所事事的时刻，你会认识到宏观世界与微观世界最本质的真相。"[27]

蓝 色 纽 带

心理学家威廉·詹姆斯曾经写道："我们就像大海中的岛屿，看似孤独，但在深处却彼此相通。"

1999 年 12 月 31 日，20 世纪的最后一天，演员迈克尔·J. 福克斯在美属维尔京群岛邂逅了一只改变他生命轨迹的海龟。

那只海龟和我一前一后地在水中游动，它努力忽视我的存在，而我尽量表现出温和无害的姿态。我想起了小时候看过的那些纪录片：数千只刚出生的海龟宝宝争先恐后地爬向大海，奔向安全的港湾；一路上海鸟像炸弹一样不停地俯冲下来，吃掉一只又一只小海龟，最后能够成功进入海里的幼龟寥寥无几。海龟的一生充满坎坷，这仅仅是个开始。我注意到，这只海龟的左后腿少了一大块肉。它有多大年纪了？我有些好奇。显然，这是只成年海龟。他曾经历过怎样的战斗？ ¹

这次偶遇触动了福克斯，他游回岸边告诉坐在海滩上的妻子特蕾西，他决定等到这一季结束就退出热门电视剧《政界小人物》。感觉就像"我生命中的所有顿悟都藏在海滩上，或者海滩附近"。后来，福克斯写道。

1999 年，福克斯公开宣布自己得了帕金森症；2000 年 5 月，他离开《政界小人物》剧组，创建了资助帕金森症相关研究的迈克尔·J.福克斯基金会。从那以后，福克斯开始不知疲倦地募集资金，全力支持帕金森症的研究，希望找到治疗这种疾病的办法。后来他重新回到了电视屏幕上，但却不是为了延续之前的职业生涯——这更像是一个实验，他希望成全更完整的自己："（你的困境）不一定意味着生活的剧变或者生命的终结……它可能只是一种新的驱动，让你进入另一种境界。想到要重新开始演出，我只有一个念头，为什么不呢？我为什么不去做呢？有什么能阻止我？……你不必故步自封，不必退缩，不必停留。"换句话说：只要你知道自己站在岸上，你就不必要求自己只能停留在岸上。

我能体会福克斯在海滩上的感受。我这辈子都在围绕着水和水生动物打转，我敢说，自然界的确会对我们的头脑和心灵产生某种神秘的影响。周围的环境中充斥着人造的建筑物和物品，所以我们越来越容易忘记自己与这颗美丽蓝色星球的纽带。但是，奇迹就出现在我们注意到自然世界的短暂时刻中——日落让我们屏住呼吸，树梢呼啸的风声、青草上的雨滴干净浓烈的气息、海边带着咸味的空气、脚下泥土和沙子的触感，这些短暂而美妙的瞬间不光让我们意识到大自然的美妙，也让我们重新认识自己；它们带来的触动让我们恍然惊觉，自己属于那个超越自身的更宏大的存在。心理学家威廉·詹姆斯曾经写道，"我们就像大海中的岛屿，看似孤独，但在深处却彼此相通。"

创造力是个很大的话题，它对每一个人（无论是年幼的孩子还是九旬老人）、每一个领域（从艺术到商业再到科学）都非常重要。难怪科学家一直在试图弄清创造力的神经"地图"，希望人类可以通过训练激发更多创意。"创造力是一种可再生资源，每个人都拥有或多或少的创造力。"《时代周刊》科技编辑杰弗里·克鲁格写道，"脑子里有多少创意或许是天生的，但如何去调动、发挥创意……却掌握在我们自己手中。"

对很多人来说，随心所欲地掌控创意是一件难事；与普通人相比，爵士音乐家和即兴发挥的喜剧演员更需要创意。2012年，美国国立卫生研究院的科学家打算测量人们在"灵感爆发"（这个我们稍后再具体讨论）状态下的脑部活动，他们找到了 12 位富有经验的即兴说唱歌手。研究者将这些受试者送入 fMRI 扫描仪，要求他们为一段 8 小节的音轨即兴填词演唱，然后伴着同样一段音轨演唱现成的歌词。扫描结果表明，与演唱现成的歌词相比，受试者在即兴发挥的时候，与情绪、驱动和创造、语言、运动技能有关的脑区都会变得更加活跃。即兴表演刚开始的时候，大脑左半球更加活跃；不过等到表演即将结束，右半球的参与度变得更高。即兴说唱包括语言和音乐两个方面，所以与这两者相关的脑区都会被激活。表演过程中，额叶（尤其是背外侧前额叶皮层）里负责执行功能（计划、组织、策略、分配注意力、记忆细节和管理等过程）的脑区活跃度下降——这或许意味着大脑从受控注意力切换到了更放松、更"无拘无束"的状态。该研究的作者写道，这个结果"佐证了人们的猜想：分散注意力能够帮助大脑建立意料之外的新联系，这是自发创造性活动的基础"。[2] 在这个复杂的世界里，所有人得到的信息几乎都是平等的，创作者可能搞不清楚自己的创意从何而来，因为在灵感爆发的时刻，"自上而下"的有意识的认知脑似乎陷入了沉默。不过，这并不意味着认知脑与创造力无关。我们在冲浪或者划皮划艇的时候需要集中注意力，基于同样的道理，大脑进入创意的第二个阶段——提炼与修改——以后，负责执行功能的脑区就接过了重担。

作为一名科学家兼作家，我经历过灵感的迸发，也曾耗费心力打磨细节，所以我很清楚，水对这两种过程都颇有裨益。

早在 1951 年，心理学家 D.W. 威尼科特就说过，创意出现在"内部世界与外部世界的夹缝中"。[3] 小说家亚历山德拉·恩德斯也曾写道，创造力"结合了记忆、想象、意图、好奇与现实世界中的存在"。如果事实果真如此，那么对艺术家来说，找到激发创意的空间和条件就成了问题的关键。在圣塔克鲁兹的时候，我住处附近的海滩上有个名叫"海洋回声"的小旅馆。这家旅馆非常普通，房间也只能说是差强人意，但它离大海只有几步之遥。旅馆的主人告诉我，他的客户里不乏音乐家和作家，他们隔三岔五就会从旧金山或者洛杉矶赶到这里住上一周。对这些人来说，离开日常的环境，待在水边——近得呼吸相闻，触手可及——能够帮助他们扫掉脑子里的蛛网，重新找回创造力。"大部分人……都有那么一两个特殊的地方，能让我们发现另一个自己，"温妮弗雷德·加拉格尔写道，"关于如何寻找、维持创意，每位艺术家都有自己的秘诀。"[4] 这样的地方为我们提供了一个框架，一个锚，一扇通往创意的大门。也许因为水总在流淌，很多艺术家心中的圣地都与大海、湖泊、河流、小溪和池塘有关，梭罗就是个著名的例子。

许多著名的艺术家聚居地都是在水边发展起来的，我觉得这并非偶然——鳕鱼角的普罗威斯顿，纽约的蒙托克，法国的吉维尼，还有英国的康沃尔。本杰明·富兰克林、埃德蒙·罗斯唐和弗拉基米尔·纳博科夫的很多作品都是在浴缸里完成的。布克奖得主希拉里·曼特尔曾说过，她在写作卡壳的时候会去冲个澡。传说奥利弗·萨克斯在写作的瓶颈期每天都会去长岛海湾游很长时间的泳。"在水里游泳能帮助我改善情绪，理清思绪，只有游泳才能带来这样的效果，"他写道，"我在杰夫湖里绕了一圈又一圈，游了一个又一个来回，理论和故事逐渐在我脑子里生长成形，句子和段落自发地流淌，这时候我就得赶紧上岸，把它们写下来。"鲁宾逊·杰弗斯曾在加州的卡梅尔海用一块块石头搭建起自己的家园。巴勃罗·聂鲁达在智利的海岸边先后生活了 33 年，在内格拉岛，他曾经写道，"我陪伴着所有的浪涛。"2014 年，艺术家、电影导演朱利安·施纳贝尔在广播节目《自由思考》中告诉 BBC 主持人菲利普·杜德："冲浪带来的自由感无可替代。人们沉迷于冲浪，真正的原因在于冲浪能将他们引入前所未有的新境地。那是一种彻底的释放。多年来我见过各种各样的冲浪者，每位冲浪者都有自己的风格，就像每个画家、演员和诗人都自成一体。实际上，它不是一种运动，而是一种生活方式。"

海浪与碎浪、巨石和卵石构成了一曲层次丰富、节奏清晰的交响乐，从浅滩辗转通往神秘的深渊。水是爱人，也是母亲；它是源泉，也是去处；它剥夺生命，也带来生命。水永远变幻莫测，它变化万千的色彩与情绪带来无穷惊喜和意外，令艺术家、音乐家、作家、导演和所有思想者心驰神往。水释放出每个人心底那个无拘无束的孩子，为我们打开创造力与好奇心的大门。

水 中 缪 斯

　　大约在一年前，我带着女儿格蕾丝回到纽约城拜访我的表亲茱莉亚。我们去了红钩区，布鲁克林的这片重工业区就坐落在当地的"另一座桥"——曼哈顿大桥旁边。我们沿着海岸朝布鲁克林大桥方向走去，想去莱恩·奥尔特纳的工作室看看他的巨幅海景油画，他的部分作品高达 8 英尺，宽 32 英尺。莱恩的油画里只有大海。没有大桥，没有地标建筑、船只、人或者动物，只有细腻逼真的海浪，第一次见到这些油画的人常常会把它误认成照片。我觉得有些讽刺的是，莱恩的工作室里看不到任何激发灵感的水景。不过，当格蕾丝、茱莉亚和我走进大门的那个瞬间，大海磅礴的气势扑面而来，它出自莱恩的笔下。莱恩的画作拥有大海的气质。有人甚至会不由自主地情绪失控，痛哭失声。面对这些油画，观众常常会感觉到敬畏，随后他们开始渴求在这里多停留片刻。难怪房间正中摆着一张舒服的长沙发！

　　要问莱恩的作品想表达什么，他会告诉你，"我就是想画大海，就是这样。为什么？因为我爱它，就是这样。"如果你有办法让他多说几句，他会继续回答，"你看到的也正是我在大海身旁体会到的。脉动的能量从那古老的水体中喷薄而出，就像一个永不停歇的节拍器，时时刻刻提醒你这就是'现在'。"或者他会说，"与大海融为一体的瞬间，我感觉到的那些东西，哪怕我的画作只能捕捉到其中一点点，它都已经足够有力。"莱恩说，他希望自己的画作能够直击人们的心灵，成为"卡夫卡所说的'打破我们心中冰海的利斧'"。你也许会理解，为什么莱恩工作室里的那张长沙发对我们的理性和情感都有着同样致命的吸引力。

在其他许多艺术家的作品里，水的意象常常象征着交流和沟通，我们本能地依恋着水的纽带。过去几年来，神经学家开始研究艺术感和美感的神经学基础——这个领域被称为"神经美学"。研究者发现，与美感有关的神经过程牵涉到大脑中负责感知、奖励、决策和情绪的多个区域。[5] 不过，纵观艺术世界，你会清楚地发现，"美"和"艺术"完全是文化与个人史造就的主观体验。"对美的渴望或许是共通的，但什么是美？这个问题却没有固定的答案。"伯维尔·康威和亚历山大·雷丁在 2013 年的神经美学调查中写道，"美……是多种复杂因素的综合体现，接触的多少、背景与环境、注意力是否集中，种种因素都会影响我们对美的感知——这和其他任何一种知觉没什么两样。"

虽然研究神经美学的科学家还没弄清楚大脑对美和艺术的体验到底来自哪里，不过有一个问题基本已经达成了共识：美感主要由知觉、认知和情感（或者说情绪）三个方面的元素组成。对美的知觉过程和我们处理其他感官刺激（比如视觉和听觉刺激）的过程没什么两样。认知过程负责解释这些刺激，赋予其意义。不过，我认识的艺术家们最看重的显然是自己的作品引发的情绪性影响。

我的朋友哈尔西·伯艮德搜集了许多有关大海的音乐和话语，然后将这些片段连缀成乐章。舞蹈编导乔迪·洛马斯克创造了一种多媒体表演形式——俄刻阿诺斯。在旧金山海湾水族馆，乔迪和专家们一起，将现场舞蹈、空中表演、水中舞蹈的视频投影和海洋元素结合起来，试图表现"海的宏大与活力"。从荷马到梅尔维尔，再到吐温和康拉德，从柯勒律治到玛丽·奥利弗，再到丽莎·斯塔尔，古往今来，无数作家和诗人将水作为自己作品的背景，让读者们深深体验到了大海与河流的魅力。泰奥·杨森这样的艺术家创造出了会动的"仿生兽"，在风的推动下，无生命的原材料搭成的"怪兽"沿着荷兰的海滩奔跑。凯伦·格拉瑟、布莱恩·斯科利和尼尔·艾维尔·奥斯本这样的摄影师善于用照片捕捉光影，记录水以及与水息息相关的动物和人。所有这些人都在努力试图将自己对水的体验传达给大众，哪怕只是其中的一小部分。

当然，艺术家的灵感来源各不相同。有人去圣菲仰望天空，有人去纽约追求活力，有人去阿尔及尔体验感官超载，还有人去巴黎寻找情调。但水的多样性和深度（有时候令人恐惧）让它成为无可比拟的灵感源泉。水是形而上学中至高无上的存在，也是现实世界里的创造之母；水的滋养足以解决任何问题。归根结底，意识到还有更多事情可以做，这是否也算是一种创意和某种形式的乐观？

　　人类十分擅长为自己的信念寻找证据，同时排斥一切与自身信念相悖的事实和理论。无论是事实还是图表都很难改变我们的固有看法，因为与自身观点相左的事实点亮的是我们脑子里的情绪性回路，而不是理性回路。[6]这样的固执会抹杀创造力，带来糟糕的决策。丹尼尔·戈尔曼提出，"新的价值来自已有观念的整合，我们应该以新的方式整合想法，通过巧妙的问题开启全新的可能。"[7]证实偏见会妨碍这样的探索，因为它拒绝接受与已有结论相悖的输入信号。

　　但是，我们是否可以借助类比和比喻的力量冲破认知偏见的过滤器，重新点亮自己的创造力？创造性思考最贴切的比喻之一是"液体"。"这样的语言反映了创造性思维在我们心目中的印象，"塔夫茨大学的迈克尔·斯莱皮恩和斯坦福大学的娜里尼·阿姆巴迪写道，"比如说，创造性思维常常与分析性思维互为对照，后者更严格、更精确；水可以轻而易举地流向多个方向，灵活流畅地产生多个想法的能力是创造力的精华。"[8]在一个催眠实验中，斯莱皮恩和阿姆巴迪让受试者分组临摹两张相似的图片，其中一张图片由曲线和流动的线条组成，临摹这样的图案需要流畅的笔触；另一张图片里都是直线，绘制的时候对稳定的要求更高。（比如说，让你先画一个圆，再画一个六边形——差不多就是这样，只不过他们用的图片更复杂一些。）画完以后——研究者告诉受试者这是为了测试他们的手眼协调能力——实验者要求受试者在60秒内为一张报纸想出尽可能多的创意用途。结果发现，曲线组想出的用途更多。斯莱皮恩和阿姆巴迪进一步拓展了实验，让受试者接受了其他一些测试，比如解决数学问题；最终，曲线组的得分总是明显高于直线组。[9]

认知心理学家基斯·霍利约克和保罗·萨伽德在《精神飞跃：创造性思维中的类比》（*Mental Leaps：Analogy in Creative Thought*）一书中描绘了类比在解决问题、决策、阐释和交流中的强大力量。不出所料，波浪是这本书中反复出现的主题。"波浪的概念从单纯的水波扩展成了一种抽象的分类，一切有节奏的传播模式都可以称之为'波'。"两位作者在书中写道。[10]我们用铅笔画出的曲线对大脑产生了水波才能带来的效果，看起来似乎有些不可思议，却又如此顺理成章，这是蓝色思维的功劳。

坚硬粗糙的物体会让人变得更加固执，湮灭我们的创意。直线和稳定也会消磨创意，降低智力成绩。基于同样的道理，扩散的涟漪渗透了科学与艺术，这是更明亮的存在投下的微光，而它的原始图形早在千万代的演化中刻进了我们的脑子里面。的确，人体的神经化学物调制得如此精密，与水稍稍有些相似的特性和动作都会产生如此重大的影响。这些具象化的"水"滋养着我们的触觉、想象力和语言，仿佛失去了创意的荒漠中那珍贵的雨滴。

正如我们先前讨论过的，水能够安抚我们过度活跃的思维，浸润我们的感官。水之所以有这样的效果，是因为它能够激活我们脑子里古老的神经地图，触发相关的神经化学反应。水还能帮助我们进入"心流"的状态（无独有偶，这个词也是水汪汪的），让我们重新打开默认网络，让大脑做一会儿白日梦，恢复专注力，更轻松地完成认知和创造性任务。水还是艺术家灵感的源泉，无论是过去那些伟大的作品，还是当代最先锋的艺术，很多都与水有关。

只要朝窗外看上一眼，或者去岸边走走，你也能让自己的大脑恢复到最理想的状态。

寻　　　找　　　"心　　　流"

我认识的几乎每一位冲浪者都清晰地记得自己迷上冲浪的那个瞬间，就在那一刻，他们第一次在水中体会到了心流。在此之前，他们已经学到了足够的冲浪技巧，如何站上冲浪板、如何借助海浪的力量滑向岸边；技术、愉悦和动人心魄的美景共同创造出多巴胺的洪流，吸引着他们一再去追寻。"这样的时刻让人强烈地体会到生命的鲜活。"契克森米哈写道；这样的时刻让我们忘记时间，其他任何事情都变得无足轻重，我们真正感觉到自己还活着，一切都好。史蒂芬·科特勒是一位作家，也是"心流基因组计划"的领导者，他深情描绘了这种美好的感觉：

我迅速划向左侧，迎接下一道海浪；我奋力划水，站在冲浪板上感受加速度，它带着我没入波浪中，我在浪谷中翻转，就在那一刻，整个世界消失了。无我，无物。在那个瞬间，我不知道海浪从哪里来，也不知道自己将去向何方。[11]

只要满足一些特定的条件，冲浪者、白水漂流者、皮划艇爱好者、游泳者——几乎所有高强度水上运动的参与者——还有攀岩者、网球爱好者、艺术家、音乐家以及各种各样的创意工作者都能体会到心流。首先，参加你（至少某种程度上）喜欢的活动是进入心流的必要条件，否则你不会付出足够的努力去达成心流的第二个条件：你应该拥有一定的能力，让你可以不假思索地去做这件事，不必在意自己的表现，只需简单地沉醉其中。比如说，刚开始玩皮划艇的时候，你必须学习怎么上船才不会把小艇弄翻，怎么划桨，怎么转向，诸如此类；你不得不消耗一定量的受控注意力来学习皮划艇技术。不过，掌握了基本技巧以后，你就可以开始享受这项运动了。现在，你关注的重点是如何提高技术，是不是应该练几个压箱底的高难度动作；你会开始追求更高的挑战，或者寻找新的水域。

这是心流的关键要素：在活动中需要感觉到挑战。有的冲浪者不管什么天气都要出海，高难度的海浪才会让他们觉得舒坦。面对挑战，他们才会调动所有技巧和警觉，全力应对。对更高能力的追求和愉快的活动构成了心流的第四个要素：失去时间感。做自己喜欢、擅长的事情时，我们专注于满足这项活动当下的需求，此时此刻，以这种方式去做，我们脑子里只有这一件事。我们的全部心神都凝聚在这个运动、这个项目、这件艺术作品或者这个活动上，其他任何东西都不重要，于是我们失去了对时间的感知。

出于对声音和大脑的兴趣，佩特·贾纳塔顺理成章地成为这个领域的心流专家：他专注于研究人们在演奏或欣赏音乐时各神经系统（包括感知、注意力、记忆、动作和情绪）的互动。

贾纳塔指出，演奏音乐时我们很容易进入心流；也就是说，你需要做一件自己颇有经验的事情，它通常需要你付出一定的努力，但这种努力是令人愉悦的。贾纳塔在第二届蓝色思维峰会上提出了一个猜想：水会让腹内侧前额叶皮质（这个脑区与情绪、自我意象、创造力和洞察力密切相关）变得格外活跃。水和音乐对大脑的影响有很多相似之处。事实上，贾纳塔强调说："一切与音乐有关的美学情绪——比如快乐、悲伤、紧张、好奇、平静、力量、怀旧、超然——我们在水边都能体会到。"

能感觉到挑战，这是大脑进入心流的重要条件。如果每一道海浪都一模一样，那么我们很快就会习惯，带领我们进入蓝色思维的新鲜感也会消失殆尽。幸运的是，每一道海浪都是不一样的（感谢大海）。不过，并非所有活动都能在新鲜与熟练之间达成平衡，所以要打开蓝色思维，我们不能让常规变得过于常规。埃伦·兰格曾经说过：

我们访问了一些交响乐团的音乐家，结果发现他们都厌倦得要死。在乐团里，他们总是一遍遍重复演奏同样的乐章，但这份工作地位尊崇，谁也舍不得离开。所以，我们把他们分成了几个小组。有的小组需要严格重复以前的表演——他们几乎可以完全不动脑子。有的小组可以自由发挥，做出细微的创新——这就需要用点心了。记住：交响乐和爵士不一样，乐团留给你的创新空间很小。然后，我们给毫不相关的第三组受试者听了这些录下来的乐章，用心演奏的交响乐获得了压倒性的喜爱。所以，哪怕是在集体活动中，个人的自由发挥也能带来更好的结果。[12]

契克森米哈和其他研究者已经发现，人们可以在各种不同的地方通过各种各样的活动进入心流状态；不过对很多人来说，某些特殊的地点和条件更容易激发你的最佳表现，让你进入创造的"心流"。如果能够完全沉浸在感官刺激丰富的环境中，专注于当下和此刻，那么哪怕是一些最简单的事情（比如说在公园里散步或者在河上荡舟）也能激发我们的受控注意力和默认模式网络，让我们体验到心旷神怡的专注。几年前，戴维·斯特雷耶在犹他州南部的圣胡安河组织了一次为期七天的旅行，同行的有五位神经学家、一位向导、一位摄影师和《纽约时报》的记者马特·里切特。其中五天的时间里，他们收不到手机和网络信号，手边也没有任何电子设备。所有刺激都来自河流、周围的环境和彼此，科学家们很想知道，这样的经历会对他们的认知产生什么影响。

在这五天里，旅行者们摆脱了现代生活带来的种种纷扰，他们在激流中划船（高度专注），沿着峡谷峭壁上的小路前进（生理压力），在平静的小河中泛舟，欣赏自然的美景。然后，正如里切特观察到的，新鲜的想法开始自由涌现。科学家们达成了共识：他们的认知出现了"某些"变化，头脑似乎变得格外清晰，大家开始讨论各种各样的问题，收获颇丰。这样的变化来自哪里？是因为干扰源的消失，还是因为大脑得到了足够的休息，又或者因为自然与河流的浸润、夜空中格外密集闪亮的星星、变化万千的风景，甚至仅仅因为大家脱离了日常的节奏？这些因素或许都有关系，但不管出于什么原因，结果都同样清晰：离开日常生活深入自然之中可以让我们表现得更好。

不过从本质上说，和一群科学家一起在河上游玩几天，这不是什么科学的研究方法；旅途中的变化有何意义，大家仍为此争论不休。有人认为，无论是从个人角度还是从科学角度来说，这样的远足都不会带来任何长期效果。来自伊利诺伊大学的阿特·克拉默是一位训练有素、激情澎湃、野心勃勃的神经学家，亲自经历了这样奇妙的变化以后，他感觉"时间变慢了"（这样的体验从他十五岁以后就不再有过）；阿特还想弄清楚，让他的思维变得更清晰、头脑变得更敏锐的到底是大自然，还是划船和远足，或者二者兼有。圣路易斯华盛顿大学的心理学教授托德·布雷弗打算利用成像技术研究大脑在大自然中休息时的状态。堪萨斯大学教授保罗·阿奇利曾为我们讲解一边开车一边发信息的危害，通过这次旅行，他对数码产品成瘾有了更深的见解。约翰霍普金斯大学心理学及脑科学系主任史蒂芬·杨提斯是一位脑部成像专家，他一直在研究任务切换中的认知控制；史蒂芬说，某次"星空和盘旋蝙蝠"下的深夜卧谈会为他的研究带来一些全新的思路。这些科学家一致同意，拥挤不堪的大脑需要一定的"下线时间"。里切尔表示，随着河流的流淌，科学家们的想法也不断涌现。

把这些点连缀到一起，我们可以清晰地发现，长时间的河上之旅固然很棒，不过哪怕只是在户外待一小段时间也有莫大的好处。雕刻家戴维·艾森豪威尔是这样说的："大自然让我的心安静下来，真正的艺术就出现在这样的安静之中。"[13] 拉尔夫·沃尔多·爱默生也曾这样评价亨利·戴维·梭罗："散步是他的灵感源泉，关在屋子里他一个字都写不出来。"[14] 很多人对此都有同感，从神经学的角度来说，这很合理。灵感诞生于闲逛或游泳之中的案例多不胜数。有时候，要达到某个目的，你必须去某个地方。

拥有部分夏威夷土著血统的戴维·普乌是世界级的弄潮儿。他是联邦注册的第一出动人员，也是专业的救生艇驾驶员——换句话说，无论你在水上遇到了什么麻烦，他都能搭一把手。不过，戴维可能也是让你陷入麻烦的罪魁祸首，因为除了上述头衔以外，他还是一位蜚声国际的照片摄影师和电影摄影师。他拍过不少"著名照片"，比如说马维里克斯的冲浪者，夏威夷海域的鲨鱼，还有美国河里的白水漂流者；《运动画刊》《美国国家地理》《时代周刊》等杂志都刊登过他的作品。戴维精通水文和气象，他知道今天的天气适合干什么，某块礁石或浅滩周围的海浪会呈现什么形态；他一辈子都在海边生活，一年大约有 250 天待在水里。水上水下，水里水外，都是他拍摄照片的战场；他会利用一切交通工具——从摩托艇、直升机、飞机到船和冲浪板——来寻找最完美的拍摄角度，而且他坦白承认，直觉会指引他的方向。

不过，戴维的创造力绝不仅限于拍摄最完美的照片。他玩过很多东西，竞技冲浪、自行车、游泳、赛车，甚至还有文学和艺术。他是一位激进的思想者，面对任何人，他都不惮于提出尖锐的问题，无论听众是 NOAA（美国国家海洋大气管理局）和国防部的高官，还是 2012 年海洋空间创新研讨会（这次会议聚集了众多研究"内部和外部空间"的创新思想者）的嘉宾。

正如戴维所说，艺术其实与美或者认知全然无关，交流、沟通和影响才是艺术的本质。"美只不过是灵魂的触动，"他说，"你试图传达的不是眼睛看到的东西，而是灵魂的感受。你通过视觉图像向灵魂和心灵传达信息。我们通过这样的方式寻找共鸣和沟通,在彼此之间建立纽带。这是所有艺术的共同目标。"

戴维痴迷于水,不过神经美学最激动人心的发现在于,艺术作品能像真正的实物那样触发大脑活动。静坐在河边,在池子里游泳,沿着海岸玩水,这样的体验或许是独一无二的,但只要看到类似的水景照片,我们的大脑也会切换到蓝色思维模式。这种传递效应意义非凡——不妨问问迈克尔·J.福克斯——接下来,我们将通过这种效应和其他方式为干巴巴的生活增添一抹蓝色。

唯 一 的 羁 绊

感受与大自然的羁绊能给人带来更强的敬畏感、更
多的活力、更明确的目标感以及更积极的情绪。

哈佛医学院精神病专家海伦·里斯专注于研究同理心。在布鲁克岛举行的第三届蓝色思维峰会上，里斯走上讲台，打开了来自太平洋小岛中途岛的一段鸟类视频。飞翔的海鸥和信天翁遮蔽了整个天空，它们伸展双翼，清脆的鸟叫声在海浪的轰鸣与古典吉他的音乐中回响。鸟群在青翠的山坡上行走、停留，在鸟巢上空盘旋，守候斑斑点点的卵，毛茸茸的棕色雏鸟接过母亲嘴里的食物，白色和棕色的海鸥特写镜头在屏幕上闪动……

然后画面变了：灰白色的沙子上躺着一只信天翁干枯的尸体，尸体正中央，也就是它的胃部，是一堆塑料残骸——瓶盖、塑料袋碎片，还有已经无法辨认的其他垃圾。画面再次转移，摄影师克里斯·乔丹和电影摄影师扬·伏泽尼勒克拍下了一枚孤零零的卵，鸟巢里塞满了塑料垃圾。然后，你看到一只鸟儿躺在地上喘气抽搐，一只人类的手伸进鸟儿嘴里，从里面掏出一把瓶盖。

放映结束后，房间里鸦雀无声。稍后里斯开口说道："看了这段剪辑以后，我再也不会乱扔瓶盖了。这就是同理心的运作方式。同理心与印象、画面、声音和景象有关，然后，人类大脑中的某些机制会将这些信号转化为一种让我们无法挣脱的感觉。同理心是我们与其他所有生物之间的纽带。"她解释说，同理心与高级推理能力有关，它让我们对其他人（或者动物）的处境感同身受。因此，同理心和理解他人情绪、意图、生理状态的能力是社交中必不可少的要素。或许正是出于这个原因，同理心深植在人体神经化学和神经生物学机制的底层。在同理心的驱动下，海伦开始重新思考这些塑料小瓶盖的危害，直到现在，她还会常常情不自禁地想起中途岛上那只不幸的信天翁。

大约 20 年前，意大利的科学家发现，如果将电极植入猕猴的腹侧前运动皮质 F5 区，那么在观看研究者吃花生的时候，猴子大脑中负责同样动作的神经元也会被点亮。这些特殊的神经元会像镜像一样模仿别人的动作，所以它们被称为"镜像神经元"。科学家们立即想到了另一个问题：人类的脑子里是否也有镜像神经元？如果有的话，那它们应该在大脑的哪个区域？接下来，研究者通过 fMRI 成像发现，人类额下回里的一些神经元也会产生类似的反应。[1]

镜像神经元的发现开辟了新的研究领域，我们得以从全新的角度审视人类彼此之间的联系。"人类有哪些共享的神经回路，别人脑子里发生的事情会对我们的大脑产生什么影响，这方面的研究有很多，"里斯表示，"换句话说，我们正在研究同理心的本质。"

镜像神经元的存在告诉我们，你的生理过程和情绪性过程会引发我的共鸣。"以感官输入信号……为基础，大脑镜像反射的不光是他人的行为和意图，还有情绪状态，"丹·西格尔写道，"通过这种方式，我们不但能够模拟他人的行为，还能共鸣他人的感觉……他人脑子里的心理活动。我们不光能预判接下来可能发生什么，还能感觉到潜藏在行为背后的情绪能量。"[2] 阅读他人情绪的过程比有意识的思考快得多。瑞典乌普萨拉大学的心理学家乌尔夫·蒂姆博格做了另一个有趣的实验，他给受试者观看电脑屏幕上愤怒或快乐的人脸照片，然后观察他们的反应，每张照片在屏幕上停留的时间都很短。结果发现，人们看到愤怒的表情时会不由自主地微微皱眉，而快乐的脸庞会让他们嘴角上翘；重要的是，这样的表情变化在看到照片 500 毫秒后就会出现——这时候我们的认知脑还来不及理解这些图片。[3]

人类还会表现出生理上的高度同步性：打哈欠和大笑都很容易传染，听到哭声的婴儿很可能马上就会哭起来。"这些感觉、动作和情绪响应在我们理解他人的过程中扮演了重要的角色。"亚利桑那州立大学心理系教授、具身认知专家阿特·格伦伯格表示。

遗憾的是，同理心也有不好的一面：看到某人遭遇不幸，我们会说，"我能感觉到你的痛苦"，有时候情况真是这样。里斯给我们讲了神经学家塔尼亚·辛格尔做的一个实验。辛格尔征集了 16 对夫妇，请每对夫妇中的妻子接受 fMRI 扫描。然后，她电击了这些女性受试者的右手，并记录下她们脑子里激活的区域。接下来，辛格尔告诉这些受试者，她们的配偶也接受了同样的电击，并通过 fMRI 扫描监测他们的反应。结果发现，知道配偶正在经受痛苦时，受试者激活的脑区和自己遭到电击时非常相似。掌管生理性痛觉的脑区相对比较安静，但是，与痛苦情绪性相关的神经网络明显被激活了。[4] 正如里斯所说，这个实验告诉我们，同理心能够加深人与人之间的联系，唤醒利他主义；不过与此同时，同理心也可能让我们陷入情绪性的痛苦，甚至拖垮照料者。

现在我们谈的这些内容似乎和蓝色思维没什么关系。不过，把握全局的能力正是蓝色思维的精华所在。要减轻压力、集中注意力，我们必须明白，在宏大的自然世界里，我们的生活只是其中的一小部分。整体绝不是个体的简单结合。人类之所以能成为万物之灵，是因为我们深知问号比叹号更有力，我们的所有决定都与水的神奇力量有关。不过，要进入蓝色思维，我们必须先超越自我——我们需要彼此相连。

人　与　自　然　的　纽　带

1869 年，《自然》杂志邀请博物学家 T.H. 赫胥黎为他们的创刊号撰写卷首语。赫胥黎表示，"再也没有比约翰·沃尔夫冈·冯·歌德的《狂想曲》更合适的前言了"。"我们被她包围和吞噬——既无法摆脱她，又不能深入其内。"歌德曾这样写道。赫胥黎总结说："这些页码中记载着诸位哲人的成就，等到这些东西变得老旧过时的那一天，这位诗人留下的句子或许依然熠熠生辉。他以简单而真实的意象描摹出大自然的精彩与神秘。"

那些选择将时间奉献给大自然的人通过一个又一个研究向我们揭示，大自然将我们与自我之外的那些东西联系在一起——那些更宏大、更超卓、更普世的东西。2011 年的一项调查是近年来我最喜欢的研究之一，科学家调查了加拿大艾伯塔省埃德蒙顿市的 452 名学生，结果发现，整体而言，感受到自己与大自然的羁绊能带来更强的敬畏感、更多的活力、更明确的目标感以及更积极的情绪。[5] 在另一项研究中，如果给受试者观看一些自然景象，让他们想象自己沉浸其中，那么他们会更愿意考虑亲社会性的目标，也更乐于为他人付出。[6]

大自然为什么能让我们感觉周围的一切与自己息息相关？

首先，关于大自然的"卓越"，人们最常提到的是它的美丽——在我们这个充满红色思维的世界里，大自然的美充满陌生感，超凡脱俗。"哪怕你与大自然的全部接触只是在海滩上躺过一会儿，听过波涛的声音，你也很容易理解，为什么会有人孜孜不倦地在大自然中寻找美。"温妮弗雷德·加拉格尔在《地点的力量》中写道。也许是因为人类的祖先在自然世界的形状与颜色中发现了美，所以对自然之美——还有诗意——的向往才会镌刻在我们的心灵深处。大自然带来的体验不仅仅是眼前的景观:还有陌生（更多是"新奇"）的声音，新鲜的气味，前所未见的花朵和味道,这一切都迥异于我们熟悉的日常环境。作家兼野外导游西格德·F.奥尔森曾这样描述他在大自然中体验到的最美丽、最值得纪念的时刻:

一群鲈鱼在石缝间游动，有的是绿色的，有的是金色的，还有的是黑色的，它们的美丽令我着迷。海鸥在我头顶盘旋鸣叫，波涛拍打着码头。这个地方那么可爱，充满野性；我穿过幽暗的森林，独自来到风与水的尽头，让野性的声音、颜色与

感觉将我淹没。就在那一天，我体验到了无以名状的美丽和快乐。我相信，就在那一天，我第一次听到了大自然的歌唱[7]

大自然的壮丽让我们各安其位。神经学家丹·西格尔十多岁的时候喜欢骑车去海边，他在沙滩上一边散步，一边思考某些深沉的问题。"看着海浪，我心中充满好奇——对生命、对潮水、对大海的好奇，"他回忆道，"月球的力量吸引潮水涌向山崖，随后又让水回归大海，只留下礁石间的水洼……我想到，在我死去后，潮水仍将不知疲倦地循环涨落，永不停歇。"树木、青草、水、沙子——这一切都如此熟悉，但大自然的磅礴会让我们屏住呼吸，为它的力量惊叹。它的古老，它的壮丽，它的复杂都令我们相形见绌——但我们依然情不自禁地被它吸引，因为它能激发出人性中最好的一面。我们在大自然中散步、远足、登山、航行、划桨、游泳、奔跑、滑雪，通过身体的每一个细胞感知自然中的一切；正如远足者阿德里安·尤里奇所说，这些原始的力量"抵消了我们辛苦维持的自我感"，让我们看到自己的渺小。

在 2007 年的一项研究中，科学家要求受试者描述自己某次见到美丽自然风景时的感受；他们在表格中给出了十种不同的情绪，受试者可以根据自己当时的体验给对应的情绪打分。敬畏、狂喜、爱和满足之类的词得分最高；受试者对这些描述的认可度很高，"我感觉自己渺小得微不足道"，"我感觉到了某种比自己更宏大的存在"，"我觉得自己与周围的世界息息相关"，"我忘记了日常生活中的那些担忧"，还有"我眷恋这样的体验"。[8] 1998 年，研究者调查了美国的一些野外探险者，

80% 的受访者表示，野外旅行加深了他们与大自然之间的精神联系。[9] 大自然让我们失控，但这种失控是积极的；与此互为映照的是，充满压力、不堪重负的生活会引发消极的失控。收件箱、银行账户和腰围（更别提经济和国际冲突）带来的无力感只会让我们觉得自己很糟糕。但大自然让我们体会到某些壮丽而广袤的东西，无论我们存在还是不存在，它总是岿然不动地屹立在那里。这样的认知会改变我们对责任的定义，让我们重新审视生命中真正重要的东西。

我们在专注于外部事物时调用的神经网络（外在网络）与处理内心和情绪过程的神经网络（内在网络，或者说默认网络）有何不同，这是近年来神经学研究的重点。大脑常常会在这两种网络之间切换，但认知神经学研究者佐兰·乔希波维奇发现，经验丰富的冥想者在入定时可以同时激活这两套网络。[10] 在这种状态下，自我与环境之间的藩篱变得模糊，冥想者可能会因此而觉得自己与整个世界融为一体。这种同时感知自我与外界的能力被称为"非二元性"，或者东西方哲学中所说的"合一"。这是一种与万事万物融为一体的感觉，个体融入了某种更宏大、更美妙的存在，没有任何界限与隔阂。感官变得更加敏锐，你的视觉、听觉、触觉、味觉和嗅觉都变得更完满。幸福、满足、狂喜、敬畏、感激之情油然而生——有的灵修大师称之为"无来由的喜悦"。在这种状态下，人失去了对时间的感知，或者说，时间的流逝变得极为缓慢，你觉得自己别无所求。有人说这是人与自然的呼应，有人说这就是神圣。或许对大多数人而言，这样的感觉根本无可名状。

冥想、祈祷和其他一些灵修方式都能让我们进入这样的状态。不过，很多人在大自然中体会过片刻（甚至长达数小时）这样天人合一的通灵境地，尤其是在水边。"你会不由自主地觉得周围的一切与自己息息相关，一生中的所有经历都历历在目。对个人来说，总有某个特定的地点特别容易触发这种感觉，而且常常十分强烈。"劳拉·弗雷德里克森和多萝拉·安德森表示。[11] 我们与大自然中特定的某个"片段"建立了特殊的联系，我们无比珍惜自己曾在那个地方经历过的事情：它成了我们的"圣地"。你的圣地或许是野外某个十分偏僻的角落，只能靠步行或者乘坐独木舟才能抵达；又或许它就藏在水中，你在水边钓鱼，在水上航行，在水中游动，感受身下或者周围水的力量。但是无论何时，无论通过哪种方式抵达，那个地方都会让你觉得自己与某种更宏大的存在息息相关。

　　心理学家亚伯拉罕·马斯洛相信，因为"高远超卓的自然"是"人类本性的一部分"[12]，所以我们有时候会触摸到威廉·詹姆斯所描述的那种神秘的意识，马斯洛称之为"高峰体验"。按照马斯洛的描述，这是一种"无须努力、非自我中心、无目的、自我验证的终极体验和彻底达成目标的完美状态"。[13] 研究高峰体验的心理学家相信，这种状态有一些共通的特征：注意力高度集中；感觉自我与环境息息相关甚至融为一体；感觉渺小甚至自惭形秽，庆幸自己能够参与其中；感觉时间和空间失去了原来的面貌，彻底沉浸在当下之中；感觉这样的体验无比真切又如此珍贵；体验到日常生活中不曾有过的洞见和情绪；明白这段体验的意义和它对自己未来生活的重大影响。在这种状态下，我们觉得自己不再是独立的个体，而是"融入"了世间万事万物；我们是这个世界的一部分，这个世界也是我们的一部分。[14]

要获得这样的高峰体验，你常常需要迫使自己超越感知的极限。凯瑟琳·弗朗森在跳伞运动员和攀岩者身上看到了这样的现象；贾伊马尔·约吉斯和其他热爱巨浪的冲浪者说："这样的浪需要你集中全部注意力……你甚至没有时间去分辨自己的身体与海浪之间有何界限。"加州亚美利加河的南分叉是漂流的天堂，一位白水漂流者这样描述自己的高峰体验：

> 来到半岛的尽头，山势终于开始下降，我无比向往的 S 形弯道就在这里。水的流速越来越快，空气中的负离子急速拍打着我们的脸颊，每个人都精神为之一振。小艇离那段轰鸣的激流越来越近，我全身的肌肉都绷紧了——就像以前的每一次一样。我绕过上游 100 码外的嶙峋石块（我称之为"目标驿站"），心里想着，既然我能顺利通过这里的石阵，我也一定能成功漂过下面那段"麻烦制造者"。前面就是最后一个弯道……我握紧手中的船桨，放松全部精神，随水漂流——瞄准间隙，从石缝中掠过。生命的层层外壳奇迹般剥落，就像剥掉干枯的洋葱外皮，露出新鲜的果肉和生命的全新视角。

自然世界与水的结合几乎必然会带来这种彻底释放的感觉——"生命的全新视角"。的确，作为自然世界中最富灵性的元素，水似乎拥有渗透灵魂的力量。弗洛伊德曾搜肠刮肚试图描绘那种完整、无限、永恒的体验，在一封写给法国作家（也是东方宗教的学徒）罗曼·罗兰的信里，弗洛伊德将其称为"海洋般的感受"。诸多灵性与宗教传统都

与水有关。中国哲学家老子在《道德经》（成书于公元前 6
世纪～前 4 世纪）中写道："上善若水，水善利万物而不
争，处众人之所恶，故几于道。"佛陀将生命比作滔滔流淌
的大河，每一刻都与之前不同。从埃及到日本，许多古文
明的创世神话中都提到了水。"神的灵运行在水面上"（《创
世纪》），"太初宇宙，混沌幽冥／茫茫洪水，渺无物迹"（《梨
俱吠陀》）。印度教认为在恒河中沐浴是神圣的，将恒河视
为"印度的母亲"；基督教的朝圣者聚集在约旦河畔和卢
尔德河畔……用水象征性地洗净污垢的仪式通行于全世界
（"大海会冲走所有的邪恶。"伊菲革涅亚宣称她的弟弟俄瑞
斯忒斯用水洗净了杀母的罪孽。），[15] 水既能为生者洗礼，又
能还死者以清白（下葬前洗净尸体）。在世界各地的许多土
著文化中，水象征着人与所有生物的联系。来自俄勒冈州亚
基马保留地的伊丽莎白·伍迪说，"在我们的宗教仪式中，水
既是圣餐，又是灵药。它是所有定期仪式最核心的标志。
在哥伦比亚的'大河'岸边，我们每天早上醒来第一件事
情就是喝水，睡前也要喝一小口水，然后祈祷……水代表
所有生命。"[16]

2010 年，蒙大拿大学的伊恩·福斯特做了一项研究，调查
参加独木舟旅行的人们感觉到的心灵纽带。他在明尼苏达的边
界野外独木舟水域（BWCA）展开了调查，那片区域占地约
130 万英亩，由 1175 个大大小小的湖泊和数百英里的水道组成。
BWCA 的大部分地区只有乘坐独木舟才能抵达，每年这里会
迎来 25 万名游客，他们在这里远足、荡舟、划艇、钓鱼、打
猎、野营。福斯特坐着独木舟在 BWCA 中穿行，拜访不同的

营地，邀请人们描述自己在野外的体验。"我没有像往常那样在家先洗个澡再去步道的起点，而是直接去了野外。"福斯特写道，"我在 BWCA 的湖里泡澡，捉鱼来做晚餐（虽然在 30 天的调查期里只有两次），我迎着风划桨前行，与密密麻麻的蚊群斗智斗勇。"福斯特发现，美好而静谧的"高原体验"深深触动了人们的心灵。一位名叫汤姆的男子说，"那里的一切都让我沉醉——无论是水还是树，或者天空与微风……我忘记了其他所有东西，一心一意地沉浸在当下之中，心里充满感恩。"完全沉浸在大自然中，几乎不受任何社交关系和文化习俗的影响，需要频繁与自然互动，这和当地土著居民千万年来的生活方式非常相似——福斯特总结道，在这种情况下，人们会觉得自己与周围的一切以及某种更宏大的存在息息相关，这种感觉"令人振奋欣喜，仿佛通往永恒"。

福斯特还发现，水在野外体验中扮演了非常重要的角色。水和天空（在达科他的一种语言里，"明尼苏达"这个词的意思是"水倒映天空的地方"）的自然之美带给人们深深的触动。游客玛丽描绘了这样的邂逅：

昨天我们在休斯敦湖的营地过夜，天空呈现出明亮的粉红色和紫色，倒映在水中——美得简直不像是真的……夜幕逐渐降临，天色越来越暗，水中的倒影也随之变幻，水天交融的美景让我舍不得挪开视线……在那一刻，你不由得会想，"我为什么会在这里？是什么力量让我来到这里，让我有幸感受到这一切？"

大自然中的高峰体验和高原体验如此珍贵，不仅仅是因为它们带来的瞬时冲击，更重要的是，当你回归日常生活以后，这些体验留下的余韵依然会缭绕在你心头。在繁忙的一天中，在大城市的街头，或者在办公室里，你紧盯着手机、平板电脑或者笔记本屏幕，忽然有一丝的恍惚，你想起那个超凡脱俗的瞬间，想起那片宁静，自然之美打开了你的胸怀，你仿佛回到了那一刻，再次感觉到自己与大自然，与灵性，与神，与那无以名之的存在融为一体。游客南希说，回来以后，"我仍时时回想起那一刻……仿佛一切安好。哪怕只是回味那一刻都能带来深深的幸福感，它的力量如此强大。"

价　值　连　城　的　鱼

东京的筑地市场是世界上最大的鱼类和海产品批发市场。这里的 1600 个摊位每天（除了周日和节假日以外）出售的海产品超过 400 种，从海藻到鲸鱼，琳琅满目，其中最昂贵的鱼是蓝鳍金枪鱼。日本消耗的蓝鳍金枪鱼大约占世界总捕捞量的 80%。人们曾经把这种鱼磨碎做成猫粮，因为谁也不爱吃它。不过从 20 世纪 70 年代开始，蓝鳍金枪鱼逐渐成为一种珍贵的美食——尤其是它腰腹部的那块肉，日本人称之为"大肥"。专营批发的卡塔丽娜海产品公司表示："蓝鳍金枪鱼的大肥呈粉白色，富含脂肪，口感肥美，入口即化。"在东京最棒的寿司店里，一片顶级的大肥要卖

24 美元左右。

我第一次拜访筑地市场是在夏天，这里的人们觉得能够买到每年的第一条蓝鳍金枪鱼是一种莫大的荣耀，所以每年元旦节当天举行的鱼类拍卖会总会吸引许多餐馆主，他们希望一举夺标，借此扬名。2013 年，东京本地的连锁餐馆老板木村清以 176 万美元的价格买下了那年的第一条蓝鳍金枪鱼，这条鱼重约 489 磅，所以木村先生中标的价格大约是每盎司（一磅=16 盎司）225 美元。不过，木村表示，在他的餐馆里，顾客只需要支付大约每份 4.6 美元的价格就能品尝这条"鱼王"。

餐馆老板为什么要做这样的赔本生意？答案很简单：每年的第一条金枪鱼之所以如此昂贵，主要是出于市场营销需求，维护"国宝"的地位，木村一边切鱼一边解释道。面对密密麻麻的闪光灯，他高高举起水雷状的银色鱼头。

就在木村以创纪录的价格拍下这条金枪鱼的 22 天以后，一篇报道称，人类的大规模捕捞让太平洋里的蓝鳍金枪鱼数量减少了 96.4%。[17] 更令人沮丧的是，90% 的蓝鳍金枪鱼还没有长到繁殖年龄就已经被人吃掉了。木村耗费巨资拍下的鱼王为他带来了绝佳的宣传机会和媒体的免费报道，也让竞争对手看到了他雄厚的资金实力，但国际金枪鱼保育机构皮尤环境组织的负责人阿曼达·尼克森表示，"现在你必须考虑的是，最后一条蓝鳍金枪鱼会值多少钱。"

我们为什么愿意为蓝鳍金枪鱼、鱼翅汤和海龟蛋付这么多钱，哪怕这些动物非常珍稀，甚至已经濒危？或者说，珍稀和濒危正是它们值钱的原因？天价金枪鱼的例子让我们清晰地看到，盲目追求眼前的满足和地位的提高，却看不到长期的后果，这样的思维模式会让我们陷入"神经学意义上的末日"（这个词是我杜撰的）。如果戴维·普乌说得没错，那么对自我的理解和警觉是否能帮助我们做出更好的决策——这样的决策不光能保护自然，还能带领我们进入蓝色思维——创造出更好的未来？

"看 不 见 等 于 不 存 在"

我们希望每个人都能得到最大的好处，但什么是好处？有人热爱荒野，也有人向往滑雪小屋。

——加勒特·哈丁，《公地悲剧》

圣迭戈的"想想蓝色"宣传活动已经持续了大约 5 年，其中包括一系列在电视上、影院里播放的广告。一则题为"因果"的广告直观地展示了别人随手乱丢的垃圾可能最终影响到随手乱丢垃圾的人。一个步履匆匆的商人随手扔掉一张口香糖包装纸，然后他先是被坐车的女人扔出来的软饮料浇了一身；然后踩了一坨狗屎；最后又被另一个女人从阳台扔下的厨余垃圾淋了一头。"想想蓝色，圣迭戈。"背景音说道。这则广告以幽默的方式揭示了小事可能带来的后果——要不是亲眼看到，我们完全不会去想这些问题。

大脑掩盖真相的能力简直令人瞠目结舌。我们周围充满了各种各样的感官信号，包括触觉、记忆、声音、气味，还有嘈杂的人声。为了保护我们，大脑会过滤掉大部分刺激。不过，隔离需要付出代价：这意味着我们大多数时候根本不知道自己为什么要做这件事，又该怎么去做。大脑精于欺瞒和合理化，这样的倾向深植于我们的认知回路中。

根据瑞士心理学家让·皮亚杰的理论，如果你遮住自己的脸，婴儿就会认为你真的不见了——在他们的认知中，看不见的东西（你的脸）就等于不存在。如果你重新露出脸来，婴儿会表现得非常惊讶甚至是开心。不过，从某种程度上说，大脑的能力完全可以判定无论某件东西有没有被遮住，它始终都在那里。孩子要长到多大年龄才能认识到"物体的永恒性"，这个问题学界还没有定论；但是我相信，婴儿的这种特质也会影响我们与水和自然的关系。在"想想蓝色"的广告中，丢包装纸的男人、乱扔饮料的女人和倒垃圾的那位女士都毫不关心自己丢掉的东西最终落到了哪里，显然，他们也秉承着"看不见就等于不存在"的原则。只要看不见自己扔掉的垃圾顺着下水道流到海滩上，我们就可以心安理得；只要上班路上看不到无家可归的人，那谁也不会关心这个社会问题。除非人们觉得自己和自己的家庭正在遭受直接的威胁——无论威胁是来自全球变暖、水污染、海滩侵蚀还是有毒废料——否则他们绝不会关心这些事情。

"看不见等于不存在"的思维模式还会带来认知盲区——如果周围的环境看起来还不错，那我们就不会相信它真的有问题。巴顿·西弗是美国国家地理学会的研究员，也是波士顿哈佛大学公共卫生学院健康及全球环境中心的负责人，他指出，因为我们每天都能在超市里看见待售的鳕鱼，所以我们很难相信鳕鱼的数量正在锐减。要是某条河流或者小溪里的水看起来干净清澈，我们可能就不会相信水污染正在变得越来越严重，河水已经不再安全。既然我们有足够的水可以用，那就没必要急吼吼地保护水资源，对吧？

生存是演化最基本的驱动力。远古时代人类的数量比现在少得多，我们的先祖可以尽情利用自然资源，不必担心资源枯竭。千百万年来，人类一直不用担心生态环境和可持续性发展之类的问题，要是这个地方不好了，我们大可搬到别的地方去。生存是我们考虑的第一要务，然后是家庭和种族的存续。而现在，整个人类物种面临的威胁看起来遥远而抽象（气温上升？海滨洪水？臭氧层空洞？），似乎根本不可能影响个人的生存，所以，我们很难真正去考虑为这些事情采取行动。

在 1968 年那篇著名的论文《公地悲剧》（*The Tragedy of the Commons*）中，美国生态学家加勒特·哈丁提出，在某些情况下，人们会做出有损于公共利益的事情，比如说，（1）这能为个人带来更大的好处，（2）你觉得自己可以逃脱惩罚。举个例子，捕捉龙虾的渔夫可能会超出配额多撒几张网，或者把网撒到受保护的区域，因为这能为他的家庭带来更多收入。我们"天生自我中心，自私自利……人类擅长消耗资源，却不擅长保护它"。保育生物学先驱迈克尔·苏利表示。[18]

就在哈丁写下这篇论文的同一年，社会心理学家约翰·达利和毕博·拉塔内做了一个著名的实验：他们让一群学生坐在教室里，然后慢慢地向房间里灌入烟雾，暗示附近发生了火灾。如果教室里的学生只有一个，他或她通常很快就会离开。但是，如果教室里有其他几个人（他们也是实验的参与者），而且这些人直到浓烟弥漫也坚持不走的话，这位学生通常也会留下来——哪怕教室里的烟已经浓得遮住了人脸。学生不肯逃走部分是因为搞不清楚情况，或者是害怕尴尬，但他们也承认，其他人的表现让他们觉得可能真没什么事儿。[19]

周围的人和我们所属的群体都是影响决策的最强大的外部因素。马克·范·维格特提出，这是我们面对外部世界的本能反应：我们从出生后就开始无意识地模仿周围的人的行为，不光是动作，还包括他们的信仰、观点和决策。范·维格特举了个例子，大部分房屋业主都声称邻居的环保行为对自己没什么影响，但实际上，只要看看整个社区的"绿色等级"，我们就能判断每位业主大致的用水用电情况。

从另一方面来说，我们总是倾向于划清"自己人"（家庭、小组、部族）和"外人"的界限。"每个人的同情心都有盲点——有的人在我们眼中不算是完全的人，对于他们的痛苦，我们不会感同身受，或者说，同情心没有那么强烈。"斯坦福大学的凯利·麦克格尼加尔在 2007 年的第一届蓝色思维峰会上向我们介绍了大脑在面对非常陌生的"外人"时的反应。外人很难获得我们的怜悯和同情，恰恰相反，他们很容易触发大脑中与恶心和威胁有关的区域，就像腐烂的食物会让你反胃一样。[20]这是漫长的演化在认知系统中留下的印记，正是因为这种机制的存在，我们很难产生"去解决这个问题"的热情和责任感。

情绪纽带：体验对我们的影响

2010 年 7 月 4 日，我在乘坐飞机前往新奥尔良的途中看到了夜空中的烟花——我从来没有从这样的角度欣赏过烟花。几小时后，我在空中又看到了一些前所未见的东西，不过我希望以后也不要再见到这样的景象。我们的小赛斯纳沿着路易斯安那和密西西比的海岸飞行，记录石油和原油球块在海面上流动的情况；黑色的石油淹没了岛屿、湿地、红树林和海滩，随处散落的明黄色和橙色残骸在风浪的推动下载沉载浮。深水地平线漏油事故带来了美国历史上最惨痛的工业灾难。

我们离开海岸，飞向深海方向。飞机下方的海水凝重油腻，远处深邃的蓝色与被原油污染的浅水界限分明。成年后我的工作一直与海洋有关，多年来我一直在研究生活在海洋中的濒危动物和岸边以海为生的人们。我见过商业捕鱼造成的物种浩劫，见过非法偷猎，也见过塑料污染带来的深重灾难。但所有这一切的冲击力都无法与眼前这片数千平方英里被破坏的海洋栖息地相提并论。原油的浓烈气味随风远送，飘向墨西哥湾深处的那片蔚蓝。直到现在，每一次给汽车加油，或者在繁忙的大街上骑着单车跟在卡车后面的时候，我仍会想起深水地平线事故。

我在海边待了两周，想尽一切办法救助被原油困住的海龟。在 BP 公司的这场漏油事故中，救援人员先后发现了 4080 只死鸟和 525 只死去的海龟。从德克萨斯到佛罗里达，超过 16000 英里的海岸线遭到污染。人类的损失也同样惨重——从身体、精神、生态和经济各方面来说，人类都付出了巨大的代价。数以千计的渔民、石油工人和旅游业从业者失去了工作。

海湾沿岸索赔机构收到了超过 174000 起来自公司及个人的索赔申请。路易斯安那州立大学环境及职业病科研项目负责人表示，很多人抱怨咳嗽、流鼻血、眼睛发痒、打喷嚏——这都是过多接触原油的典型症状。在后来的大规模清理行动中，又有许多参与者出现了胸痛、头晕、消化不良、肠胃不适等问题，罪魁祸首可能是用于分解原油的化学分散剂。人们的心理问题也同样严峻。路易斯安那的心理健康专业人士报告称，创伤后压力、焦虑和抑郁的发病率都有所增长；心理健康和家庭暴力热线的来电数量一路攀升；女性庇护所人满为患。[21] 心理学教授史蒂芬·E. 舒伦伯格是密西西比大学临床灾害研究中心的负责人，多年来他一直在研究墨西哥湾漏油事故、卡特里娜飓风等灾害带来的心理影响。舒伦伯格在临床患者身上观察到了各种各样的症状，包括愤怒、敏感、压力、焦虑、抑郁、极端饮食、睡眠问题及药物和酒精滥用。

研究者在佛罗里达和阿拉巴马调查了这场灾难带来的直接影响和间接影响，结果发现，所有社群的居民都表现出了临床意义上的明显抑郁和焦虑，但人们最担心的是失去生计和收入。几章前我们谈到过渔民对工作的热爱——这样的爱让他们坚持停留在这个国家最危险的工作岗位上。很多海滨居民深爱着海滩、来自水上的微风、没有尽头的地平线、变幻多姿的海浪、涛声和沙子。而现在，他们深爱的地方已经被黑色的油泥覆盖，充满刺鼻的气味。想想看，如果是你的话，你会觉得多么无助和愤怒。想想看，我们在这本书中谈到了大海带来的多少好处，而现在，它只会让你觉得恶心反胃，甚至让你生病。我相信，墨西哥湾的钻井平台工人、捕捞牡蛎的渔夫、运送货物的船长、直升机驾驶员、钓鱼运动导游和海滩上的流浪者和我一样痛苦失落，或者说，他们的痛苦和失落比我深重得多。

又或者，像某些人一样，你也会行动起来：大约 55000 名工人和志愿者参加了漏油事件后的紧急清理行动。他们的脸上有悲伤，有愤怒，有坚毅，也有"照章办事"的麻木——不过在深没至肘的油污里铲了一天沙子，或者清理了一天的海洋生物和鸟类、期盼它们能够恢复健康以后，从人们的交谈中你不难发现，我们每个人都深爱着大自然和水。我们轮流描述自己最爱的海滩，分享自己在水边最难忘的经历。这也算是一种特殊的团契。

"今天,我们交流的对象几乎只剩下了人类和人造的技术,"戴维·阿布勒姆写道,"但我们依然需要别的一些东西……在这个充满了电子图像和人造快感的经验世界里，超越人类本身的直观感性现实仍是最坚实的试金石。"[22]

我们之所以会关心这个世界，正是出于这种情绪性的纽带。要是没有这样的纽带，自我中心和人类中心的思路就会占据上风，我们只在乎自然界能为人类提供什么资源。更糟糕的是，水和大自然带来的种种好处（包括情绪、认知、精神、创造性和健康等各方面）在资产负债表上被彻底抹杀。这些东西让我们成为更好的自己，但它们却无法量化，所以一钱不值。

雅克-伊夫的儿子让-米歇尔·库斯托一直致力于保护海洋，他常常说："保护水就是保护我们自己。"人类健康与环境健康密不可分。如果食物、空气和水出了问题，我们自己也无法独善其身。不过，这只是问题的冰山一角。健康的水环境为全球人类带来的好处不仅仅是干净的饮用水和食用鱼，它带来的某

些东西无形无质、个人化而私密，但我相信，这些东西是幸福
生活必不可少的要素。我希望，通过不断的研究和对话，我们
能够进一步理解水的益处，进而付出努力，让全世界的水变得
更干净、更健康、更自由。不过，理解永远没有尽头。人类的
决策和行动总是被情绪左右，所以，要唤醒人们的警觉、做出
更好的决策，我们必须激发人们最强烈的情绪，要做到这一点，
我们讲述的故事就是最好的武器。

讲　　　述　　　水　　　的　　　故　　　事

的确，恐惧、负罪感和末日景象会触动一些人，但其他人
仍然无动于衷。看到那些满嘴"末日与毁灭"的环保活动家，
他们只会愤愤不平地想，"你们让我觉得难过，让我觉得自己
不好。我每次刷牙淋浴超过五分钟、吃了品种不对的鱼或者在
自家车道上洗车（因为废水会污染河流和小溪）都会觉得内
疚，这都是你们害的。"我们用负面信息淹没人们，希望改变
他们对"可持续性发展""过度捕捞""气候变化"等问题的看
法，这样的局面不能再继续下去了。社会学研究表明，新信息
可能反而会加固人们心中的信念。[23] 当然，我们的目的是纯粹
的，出发点也是好的。正如戴维·普乌观察到的，"作为传播者，
我们看到了某些难以置信的事情，我们觉得自己知道答案；我
们看到了一些可以解决的问题，所以我们迫不及待地想把这些
事情告诉所有人。"但问题在于，这种以问题为核心的传播方
式行不通，新信息的轰炸根本没有用。我们需要换条路子。

既然如此，我们该怎样讲述水的故事？

奥尔多·利奥波德在《沙乡年鉴》（*A Sand County Almanac*）中写道："只有面对那些近在眼前、触手可及、能够理解、值得热爱、怀有信念的事物，我们才会产生道德感。"我相信，我们应该以另一种方式，蓝色思维的方式，来讲述我们与这个世界的故事。经济学家、市场推广者和政客早已认清了现实，我们也应该承认这一点：主宰人类行为的是扎根于心底的、变幻莫测的情绪，而不是理性的思考。从购买什么物品到大选给谁投票，我们的每一个决策几乎都被最原始、最深层的情绪所左右。所以，我们需要用故事来帮助人们从感性的角度探索和理解人类与水源远流长的关系。蓝色思维的故事希望以更积极的方式让人们重新找回与大自然的联系，让人们看到水如何帮助我们成为更好的自己。

不过，我们必须以正确的方式来讲述合适的故事。加州奥克兰的一位老师做出了很好的榜样。帕克走读学校的一年级学生耗费几个月的时间把他们的教室装扮成了海洋"栖息地"。他们用铝制派盘和彩纸制作鱼类模型，用棕色的纸做出了挥舞着触须的章鱼。教室墙上的蓝色防水布就像大海，红纸剪出的"珊瑚"点缀在地板上。学生们分头研究各种海洋生物，然后把它介绍给全班同学。这所 K-8 学校里其他班级的孩子纷纷跑来参观这间教室，学校还专门为一年级学生的父母举办了一场报告晚会。晚会空前成功，孩子们都很喜欢。第二天早上，孩子们走进教室的时候发现，美丽的海洋栖息地上覆盖了一层"原油"。黑色塑料垃圾袋罩住了珊瑚、鱼儿、章鱼和其他艺术作品。"这里发生了一场原油泄漏事故。"老师告诉他们。关于原油泄

漏及其环境危害的讨论课结束后，孩子们戴上塑料手套，开始
清理"原油"。这堂生动的课程让孩子们深刻认识到了我们面
临的问题，以及人类可以做出什么努力。

哗　　　　　　　　　啦　　　　　　　　　啦

　　本书介绍了水带来的方方面面——身体、认知、美学、经济、
创意、产出、精神、健康——的益处，我们还知道，哪怕是间
接的接触也能让大脑感受到水的力量，比如说，艺术作品、声
音、特定的词语、铅笔画出的线条或者物品的质地。不过对我
和其他千千万万的人来说，水带来的最大好处是情绪上的，它
滋润了我们的内心。我们热爱一切有水的地方。我们计划去水
边度假，梦想下一次冲浪和划船；我们喜欢去海边、湖边或城
市里的水池边休息，漫长的一天结束后，热乎乎的浴缸和洗澡
水带来无比的满足。无论你用何种方式测量，fMRI 扫描结果、
EEG 读数和精心设计的研究项目都明白无误地揭示了我们在
水中感受到的一切。房地产中介和经济学家可以精确计算水的
溢价，生态学家可以追踪水分子在生命之网中的运动轨迹，但
谁也无法衡量那些与水直接接触的时光到底有多美妙，有多
珍贵。

　　"如果你希望唤醒人们对水的关注，那么你应该带他们去
海边，"迈克尔·梅策尼希说，"而且不要只去一次：整个童年
期你至少应该去二三十次。去的次数越多，水带来的积极感受
就越容易渗透你的灵魂。"几年前，多伦多大学的心理学家做

了个直观的实验：他们把志愿者分成两组，布置了一个模拟的呼叫中心，然后给每个小组做了个电话募捐的快速培训。两组志愿者拿到的培训资料只有一个不同之处：第一组拿到的资料里多了一张跑步者赢得比赛的照片。"让我深感惊讶的是，看到照片的那组志愿者募集到的捐款比对照组多得多。"参与实验的一位心理学家说。结果如此出人意料，他们又重复了几次实验，但结果始终不变。这个实验最让人惊讶的地方在于，当实验者询问第一组受试者，资料里那张庆祝胜利的女跑者照片对他们产生了什么影响时，每个人的回答都大同小异："什么照片？"[24]

水也能潜移默化地激活相关的神经化学反应，为我们带来一些特殊的感受。在帮助他人理解环保重要性的过程中，水带来的愉悦感受也润物无声地滋养着我们。游泳池边的夏天，水中嬉戏的海豚，小船上的慵懒午后，森林里轰鸣的瀑布带来的颤栗，奋力蹬水游向珊瑚礁畔五光十色的鱼儿，如果这些画面留存在你的记忆深处，那么你"说服别人"的成功率就会变得更高，哪怕你不知道这是为什么。

这样的个人体验为你的呼吁增添了更多的说服力，与之相比，抽象理性例行公事的劝说显得那么苍白无力。沃顿商学院教授亚当·格兰特在《妥协》（Give and Take: A Revolutionary Approach to Success）一书中提到，以色列的一项研究发现，如果把病人的照片贴在 CT 扫描结果旁边，那么放射科医生的诊断准确率会提高 46%。简单的一张照片就能让医生感觉到病人与自己的联系。问题在于，水不是人，被污染的海岸或者死鸟的照片对我们不会产生相同的效果。"相对于组织而言，

蓝

色

思

维

我们更容易对个体产生情感，愿意为对方做一些事情；所以，我们或许应该把海洋看作一个个体。"佩特·贾纳塔在第二届蓝色思维峰会上提出了这样的建议。的确，讲述与水互动的故事的时候，我们把水转化成了一个独立的、人格化的存在，它在我们心中留下了不可磨灭的记忆。

在这个问题上，蓝色思维也能发挥作用。2013 年，英国科学家在普利茅斯国家海洋水族馆调查了 104 位游客，希望弄清参观水族馆会对他们的态度和关注度产生什么影响。其中半数游客收到了介绍如何阻止过度捕捞的宣传册，另一半的游客只是单纯地参观水族馆。通过参观前后的对比调查，科学家发现，所有游客对海洋可持续性发展的态度都变得更加积极，而发放宣传册又会进一步提升人们的关注度。"参观水族馆可以帮助人们形成我们所说的'海洋思维模式'，在这种状态下，他们更容易关注海洋的可持续性发展问题。"该研究的作者写道。[25] 水族馆带来的直接体验和情感羁绊是至关重要的第一步；发放宣传册，告诉人们你可以做些什么，这是意义重大的第二步。鱼缸的影响力或许不如趾间的沙子那么强大，但它依然能够触动我们的心灵。

我们讲述的故事必须浅近直白，不要有晦涩难懂的科学术语。人们并不蠢，直接的方式和真实的语言能让我们理解最复杂的概念。要介绍人类与海洋、河流、小溪的复杂关系，揭示对水的热爱背后的神经学机制，我们需要简单明了的表述方式，让大家直观地看到这些机制如何影响我们所有人。

心理学家达里尔·贝姆提出，行为影响自我知觉。比如说，我们每一次决定把垃圾扔进垃圾桶，而不是随意丢在大街上，都会强化"我是一个环保者"的自我认知。我们通过行为来构造"自我"。[26] 这听起来很有道理，因为我们知道，重复坚持的行为会重塑大脑里的通路。号召人类采取行动的故事会帮助大家建立"环保者"的自我认知，这样的认知又会反过来影响我们的价值判断和抉择。如果每一个微不足道的行动都能得到认可和赞同，那么我们会觉得很高兴，这又进一步鼓励了未来的行动。这样的坚持会慢慢成为习惯。然后，我们不再需要思考是否应该把随身携带的一次性塑料水瓶换成不锈钢的，是否应该选择菜单上的"可持续发展"海鲜，是否应该尽量拼车或者骑自行车上班。旧金山有一家很棒的越南菜馆"斜门"，它的主人名叫查尔斯·潘。1977 年，查尔斯全家从越南移民到了美国。现在，他在湾区拥有 7 家餐馆，是本州餐饮业的巨头之一。不久前，查尔斯决定在旗下的所有餐馆推行严格的环保措施。他摒弃了塑料用品，选择有机原料，开始制作堆肥，而且只买"可持续发展"的海产品。当我问他，"你的环保意识为何如此超前？"查尔斯回答，"我不是研究可持续性发展的专家，但我会跟这些专家聊天。他们为我提供最好的建议，我来负责实施。顺便问一下，你觉得我的餐馆还有哪些方面可以改善？"就在这时候，一位侍者捧着饮料托盘走过，每个杯子里都插着一根塑料吸管。我指指那位侍者，告诉查尔斯，"我觉得你可以去掉吸管，如果客人要求再单独提供，"他回答，"那我们周一就改！"

蓝色思维的抉择有时候就是这么简单。

蓝

色

思

维

满 满 一 袋 子 大 海

我住的地方终年都能看到蓝色，欢声笑语不断。我们叫它"斯洛海岸"。这片凉爽宁静的海滩长约 50 英里，位于旧金山南部；山地隔开了繁华与清幽，往西走 15 英里就是硅谷，北边的圣塔克鲁兹离这里也不远——这片海滨散落着几家很棒的有机农场和无数野生生物，乡村小路连缀着舒适的小屋，国家公园里的森林步道曲径通幽，巴掌大的海滩点缀在岩石嶙峋、风景如画的海岸线上。这里的夏季气温通常徘徊在 70 华氏度（约 21℃）左右，街道上少有车辆，生活的步调相当悠闲。如果你的理想生活是在有风的海滩上散步，带着食物在外面野餐，悠闲地呷一杯酒，听点儿现场音乐，然后早早睡觉，准备第二天去野外远足或者骑自行车，那么斯洛海岸将满足你的所有愿望，为你打开蓝色思维。

不久前，正是在这片海滩上，我看到了另一种"蓝色思维"——就连水和水带来的幸福感都无法消除这样的"蓝色忧郁"。那天我计划和一位朋友通话，德鲁·兰德里在墨西哥湾工作，他希望通过自己的音乐和宣传唤醒人们对 2010 年漏油事件后续影响的关注。我知道这次通话的信息量比较大，所以我出门去了自己的另一处"办公室"，它坐落在太平洋边的悬崖上，从我家开车几分钟就能到。打电话的时候，我看到海面上游向墨西哥的灰鲸，海藻间穿梭的水獭，海豹和海狮，还有数不清的海鸟；远处的沙滩上有一家人正带着狗玩耍。这真是美好的一天：德鲁和我在电话里谈到了墨西哥湾沿岸的人们承受着难以想象的压力，水曾为那里的人们带来无穷的快乐、认同和繁荣，而现在，那些社群的自杀率正在攀升。讨论这些沉重话题的时候，只有眼前的美景能够帮助我抚平心绪。

电话结束后，我沿着与通往 1 号高速公路的大道平行的小路散步回家，一个男人拿着一个盒子与我擦肩而过。他看起来也很享受海岸的美景，所以我只是冲他点点头，打了个招呼。他点头回应，然后我继续走向高速公路另一侧的达文港公路餐厅，准备吃个午饭，迎接下一场会议。

吃午饭的时候，我注意到餐馆的大厨、老板和经理匆匆出了门，奔向悬崖下方的小道。我跟同事说，他们一定是去那边看鲸了。但是几分钟后，大厨和埃里克回来了，他们说有个人躺在铁路对面的空地上。旅馆的客房经理在二楼阳台上看到那个人倒了下去。我立即起身冲向悬崖，要是真有什么紧急情况，我的 EMT 训练也许派得上用场。

然而为时已晚。那个人毫无生气地俯卧在铁轨对面，一把点 45 口径的手枪掉落在他脚下。这个男人朝自己胸口开了一枪，冲击力让他的身体转了一圈，然后轰然倒地。

他就是我刚才在路上遇到的那个人。他拿的盒子里装着手枪。

我们一直守在他身边，直到警察来到现场。愧疚感在我心头挥之不去，我没有帮到这个陌生人。我脑子里只有一个念头，刚才我应该邀请他去海里游个泳，或者去悬崖边上走走，我们可以聊聊大海有多美，我可以跟他讲讲鲸和水獭的生命故事。

警官告诉我，有不少人会专门去海边自杀。结束自己的生命需要很大的勇气，他说，讽刺的是，大海带来的平静帮助人们放松下来，走向最后的终结。

我的世界观出现了动摇。大海不能帮助每一个人？如果你像我一样一直深爱着大海，那么你很难想象，世界上居然有人对它无动于衷。前面讨论蓝色带来的积极影响时我们提到过医学研究者阿米尔·沃肖尔，他的研究告诉我们，尽管很多人在海边或是在野外体验到了积极的情绪，但社会和文化也会影响我们对自然刺激的响应。"面对大海，有人充满敬畏，也有人会因为成长中的一些经历而产生强烈的恐惧响应。"他说。史蒂芬·卡普兰补充道，"大自然带来的不仅是强烈的吸引力，还有深深的恐惧，认识到这一点非常重要……人们不喜欢无助和恐惧，而大自然的确会让我们产生这样的感觉，尤其是在手边没有合适装备的情况下。"[27]作家大卫·福斯特·华莱士曾说："面对大海，我总会感到无端的恐惧。在我的直觉中，大海是最原始的虚无，牙齿雪亮的怪兽随时都可能从那无底的深渊中凭空出现。"声音艺术家哈尔西·伯艮德多年来一直在搜集人们对水的感受，他也听到过这样的评论，"周围无边无际的水会让你产生一种恐惧感，因为大海如此广袤而神秘。"

理查德·洛夫提出了"自然缺失症"的概念，他认为，很多儿童和成人长期生活在完全人造的环境中，所以看到肮脏、野性而危险的自然环境时，他们会感觉厌恶甚至恐惧。比如说，有人深受恐水症（即对水极度恐惧）的折磨，这可能是因为他们小时候有过不愉快的经历，也可能只是出于对全然陌生的元素的恐惧。"任何一位游泳教练都会迫不及待地告诉你，玩水和游泳非常有趣。我觉得他们是在撒谎，"芬兰于韦斯屈莱大学运动科学系的伊尔克卡·凯斯金恩表示，"水会进入你的耳朵，干扰你的听觉；水的味道也很糟糕，而且……水灌进鼻子的时候你会感觉非常难受。要是不小心呛了水，你会觉得自己快要死了。"（凯斯金恩还说，水的刺骨严寒会"冻得你浑身青紫"，作为一名斯堪的纳维亚学者，他有这样的体会也不足为奇。）氯也许能够杀死微生物，但它也会刺激你的眼睛；水里的盐也会让你吃点儿苦头。

不过，越来越多的证据表明，就算我们害怕大自然和开放水域野性的一面，但我们内心深处仍有某些东西需要水的滋润。洛夫讲了个故事，他的父亲是一位化学工程师，老洛夫以前很喜欢在花园里种瑞士甜菜，他还说夏天是"转瞬即逝的伊甸园"；但是，老洛夫得了抑郁症以后就很少出门了。他退休后去了欧扎克，本来是想种菜钓鱼，但实际上，这两件事他都没怎么做。最终，老洛夫也选择了自杀。"抑郁症和足不出户，到底哪个在前，哪个在后？"洛夫写道，"我真的不知道这个问题的答案。但我常常会想，要是本地的心理健康疗法能够再前进一步……进入自然疗法的王国……我父亲的生活会是什么样子。看着父亲一天天消沉下去，我希望他能够辞掉工程师的工作，去森林里当一名巡林人。不知为何，我坚信，要是他真的这么做了，那他一定会好起来。当然，现在我意识到，大自然的力量不足以彻底治愈父亲的心灵，但我坚信，它一定能提供帮助。"[28]

我和洛夫一样坚信大自然的疗愈力量，它一定能让我们变得更快乐。不过在那一天，验尸官把男人的尸体运走以后，我在回家的路上开始思考，既然水能助长快乐，那么它是否也会像镜子一样反射出黑暗的情绪。水能够隔绝一切噪音与干扰，让你直面自己的灵魂。对很多人来说，这意味着幸福与平静；但对于铁轨上的那个男人来说，也许正是这样的平静让他最终

蓝

色

思

维

下定了决心。我对那个男人毫无了解，我只知道，他穿着蓝色的 T 恤和牛仔裤，在斯洛海滩上朝自己开了一枪。不过，我觉得自己有义务告诉他的家人，他看起来很享受这美好的一天，阳光、大海和鲸——还有陌生人无声的点头致意——填充了他生命中最后的时刻。

几天后，我又去了一趟餐馆，埃里克告诉我，那个男人的家人来取走了他的车。他们说，他得了不治之症，所以他决定以这种方式结束痛苦的折磨。不知为何，这个消息让我感觉好了一点。那个身穿蓝 T 恤的男人做了个艰难的决定，他来到海边，理清思绪，放松心情，然后在一年中最美的一天里完成了他的告别。我希望，在生命中最后的几分钟里，他或许能感觉到片刻的平静，如果不是幸福的话。

在波涛中，在河流、湖泊与池塘中，我们看到了过去、现在和未来。现在，我们必须找到合适的方式，去实现自己心目中的未来。

水资源的保护和恢复任重而道远，有时候，它看起来像是个不可能实现的目标。不过，只要我们仍依恋水带来的种种好处，只要我们内心深处仍深爱着那抹蓝色，只要我们始终怀抱希望，那么我们的故事将帮助所有人认识到水与人类的羁绊，激励他们尽己所能，一起来保护这个蓝色大理石般的美丽世界。蓝色思维会帮助我们摆脱红色思维的世界里无所不在的焦虑和纷扰。"如果你能够坐下来静心观察，你会发现自己的思维有多焦躁。"史蒂夫·乔布斯解释道，"如果你试图安抚它，情况只会变得更糟；不过，时间会让它逐渐平静下来。等到你的头脑真正冷静下来以后，你才有空间去聆听一些更加微妙的东西——直觉开始绽放，你看待问题的思路变得更敏锐清晰。你的头脑放慢了脚步，让你看到这个瞬间的无限可能，看到那么多以前视而不见的东西。"[29] 海滩会赋予你最广阔的视野。

第 ·············· 8 ·············· 章

一百万个蓝色玻璃球

每一颗蓝色玻璃球都在提醒我们：世界上的每个人都息息相关，无论是情绪上还是生理上。

作为海洋保育的拥护者和教育者，我一生都在讲述与水有关的故事，但我最骄傲的是一个在世界上广为流传的故事。它从一枚小小的蓝色玻璃球开始……

2009 年，距离阿波罗 17 号飞船的船员拍下那张"蓝色大理石"照片已经过去了差不多 37 年，我站在波士顿新英格兰水族馆西蒙斯 IMAX 电影院门外，向每一位来听我演讲的观众送上一枚蓝色玻璃球。

人们好奇地问道，"为什么给我这个？"

"请拿好，"我告诉他们，"答案很快就会揭晓。"

事实上，我也不清楚自己想做什么。一周前，在圣塔克鲁兹的一家咖啡厅里，我递给朋友莱伯龙一个蓝玻璃球，问她感觉如何。"很好，"她说，"我很喜欢。"从那以后，这颗玻璃球就深深地印在了我的脑子里。

演讲过程中，这个画面一直在我脑海里挥之不去（而且我确信，玻璃球的蓝色为我带来了创意和灵感），我的思绪开始变得清晰。幻灯片翻到最后一页——那张著名的蓝色大理石照片时，我完全明白了。

请取出入场时你拿到的那颗玻璃球，我告诉听众。把它放在离你一臂之遥的地方，仔细观察。这就是我们在一百万英里外看到的地球：一个蓝色的、脆弱的、水汪汪的小点。然后，请把玻璃球放到眼前，凝视透过它的光线。突然之间，你仿佛置身水底。如果这颗玻璃球真的是海水做成的，那么它包含着几乎每一种微量元素。一勺海水中就有数亿个生命体——浮游生物、幼虫和单细胞生物。

然后，我说，请想想某一个你非常感激的人。他或许深爱着水，又或许正在努力让这颗星球的水体变得更干净、更安全、更健康。又或者他只是你生命中的某一个人，你感激于他的存在。你最后一次向他表达感谢是在什么时候，或者说，你有没有表达过？请想一想，如果你时不时地送他一颗蓝色玻璃球，将这作为表达感谢的一种方式，那么你和他是否都会感到愉快？多说"请"和"谢谢"，这样简单的事情父母早就教过我们，但我们常常说得不够多。

请带上这颗玻璃球，我继续说道，如果有机会，请把他交给你刚才想到的那个人。告诉他们这颗玻璃球代表的意义，告诉他们它背后的故事——你的感激，以及我们这颗蓝色星球。请他们继续把玻璃球传递给其他人。它提醒我们时刻心怀感激，对彼此，对我们这个美丽的世界。

你们会去做吗？我问道。

他们的确做了。接下来的几天里，我收到了来自听众的电子邮件和反馈，我决定继续讲述蓝色玻璃球的故事。在以后的演讲和报告中，蓝色玻璃球成了我的保留节目。我把它送给孩子和成人。我没有任何预算，但在朋友的帮助下，我建立了一个组织，一个网站，人们可以在这里拿到蓝色玻璃球，再把它分享出去。传递蓝色玻璃球的活动——和背后的故事——以指数式的速度在全世界流传，它唤醒了人们心底的感激之情，并鼓励他们表达感谢。蓝色玻璃球项目开始了病毒式的扩散：短短十八个月内，近百万人通过蓝色玻璃球表达了他们对地球保育工作者的感激之情。詹姆斯·卡梅隆因为探索最深海沟的壮举收到了一枚蓝色玻璃球。其他收到玻璃球的人包括珍·古道尔、哈里森·福特、爱德华·O.威尔森、让-米歇尔·库斯托、苏珊·萨兰登、英国石油公司 CEO、莱昂纳多·迪卡普里奥的母亲，还有曾四次获得艾迪塔罗德狗拉雪橇大赛冠军的兰斯·麦基，麦基在 2011 年参加比赛时收到了一颗蓝色玻璃球。一位年轻人在加州中部参加海滩清理活动时收到了一颗蓝色玻璃球，于是他灵机一动，把自己的犹太成人礼改成了"海洋成人礼"，出席仪式的每位嘉宾都得到了一颗同样的玻璃球。一位女士写道，她把自己的玻璃球送给了妹妹，十二年来，她的妹妹每隔四周就要去加州佩斯卡德罗的海边走一圈，记录这段海岸线的生态健康状况。玻璃球让这对姐妹体会到了"心灵相通的瞬间"。"我们几乎无话不谈，但我从来没有真正对她说过，'谢谢你为这颗渺小的蓝色星球做出的伟大贡献。'"她这样写道。

2010 年的某一天，旧金山屋顶学校的科技导师安迪·王给我打了个电话。她看到了我的演讲，然后想到了一个主意。当时她学校里的孩子迷上了一款名叫"彩球炸弹"的教育游戏。安迪想到，能不能把蓝色玻璃球项目引入校园，作为这个游戏在现实生活中的投影？安迪在学校里开办了一个涵盖艺术、地理、生物学和生态学的综合课程，她给每个孩子都发了一颗蓝色玻璃球，然后请他们把它送给自己心目中某个特别的人。全班同学都行动了起来，孩子们绞尽脑汁，思考自己想把球送给谁。他们用旧地图做了礼物盒，把玻璃球和介绍这个活动的纸条放进盒子里，然后把它寄了出去。

这个项目非常成功，收到玻璃球的人给孩子们发来自己与玻璃球的合照，然后说他们计划把这个活动延续下去。蓝色玻璃球被寄往巴黎、柏林、罗马、撒哈拉、新西兰、玻利维亚。一位合唱老师把玻璃球带到了古巴，还有一位爵士音乐家把它带到了东京。人们在各个地方拍下自己与玻璃球的合影，有的在蒙特利湾水族馆，有的在帝国大厦楼顶，还有的在世界大赛现场。收到玻璃球的有中国的幼儿园小朋友，有旧金山的休·杰克曼，还有纽约的威廉·詹姆斯·亚当斯。这个活动让孩子们看到这个世界上的每一个人、每一个地点之间的紧密联系，看到感恩如何让人们变得更加亲密。

有人问我，"我应该怎么做？蓝色玻璃球游戏的规则是什么？"第一条规则，玻璃球必须是蓝色的。球从哪里来的并不重要：无论是你从儿时的玩具箱里翻出来的，还是刚刚从精品店、玩具店或工具店里买来的，都没有关系。第二条规则，你应该把玻璃球送给你感谢的那个人。第三，这不是规则，仅仅是我的建议：送出玻璃球的时候你应该讲一讲它背后的故事，不管你喜欢什么方式——你可以发条微博，写一首诗、一支歌，拍张照片，诸如此类；不过最棒的方式是直接通过语言表达。就是这样。这个简单有趣的活动拥有不可思议的感染力，面对面的表达是它的关键所在。所有的罚款、政策、法律、监控、研究都属于理性的一面，而蓝色玻璃球通过一种柔软的力量唤醒我们对海洋和水的关注。

收到一颗，你就会明白。然后你会把它继续传递下去。

我送出过几百甚至几千颗蓝色玻璃球（我的口袋里总装着两三个玻璃球，它们的存在切切实实地提醒我记住自己为水做的每一件事情，以及我的感激之情），将它送给别人的那一刻总是充满乐趣。对于收到玻璃球的人来说，这可能有点出乎意料，甚至会有些不愉快。我见到过别人惊讶地问，"这是个什么玩意儿？"接受者可能需要一段时间才能真切地理解它代表的意义。不过一旦他们明白过来，你会看到这份礼物的确在他们心中掀起了波澜。你还会看到，他们开始思考自己应该把它送给谁。

我曾把蓝色玻璃球带到国际商务交流协会的会场，这个组织的成员都是服务于财富五百强公司的战略传播机构副总裁。我想，如果有哪位专业人士会对我的故事不屑一顾，那大概就是他们了。主题演讲接近尾声时，我请场内的观众举起他们的蓝色玻璃球，然后讲了玻璃球背后的故事。我提议大家举起玻璃球贴着额头，思考一下你想把它分享给谁（我向你保证，站在讲台上俯视，这样的场面相当壮观）。然后，我请他们把玻璃球放到胸口，想象在你把它送出去的那一刻，接受者会有什么感受。窃窃私语如涟漪般在场内扩散，出乎意料的事情发生了：不少衣冠楚楚的男人和女人开始流泪。不要忘了，我们所有人都深爱着家园和彼此——如果能抽出一点时间来想想这份爱到底有多深，你的内心一定会深受震动。

不久前我送了一颗玻璃球给戴夫·高美斯，他曾因偷车被判无期徒刑，直到有人质疑加州的"三振出局法"*，坐了十七年牢的高美斯才被释放出狱。他凝视着那颗玻璃球，我从未见过这样的眼神。"自由——这就是它带给我的感觉。"他告诉我。

蓝色玻璃球为什么会有这样的效果？从神经学的角度出发，人们之所以会喜欢这些玻璃球，第一个原因是，它们是蓝色的；其次，这些球是三维的：它们有重量（但不太重），有温度，有质地（但并不粗糙），也有质感；最后，我们喜欢能带来愉悦的实实在在的物体。不过归根结底，这些玻璃球的原料不过是回收的玻璃（玻璃是沙子熔炼的），它之所以会呈现蓝色，是因为里面加了钴。玻璃球的制造成本非常低廉，它普通而平凡，渺小得微不足道。不过，当你看着某个人的眼睛，怀着感激与心意送给他一颗蓝色玻璃球，这一刻，它又变成了世界上最重要的东西。感激是一种强大的情绪：它会打开人们的心扉，触发催产素的分泌，让人们彼此相系。

每一颗蓝色玻璃球都在提醒我们：世界上的每个人都息息相关，无论是情绪上还是生理上。它代表着人与人、人与地球之间的深厚羁绊。宇航员尤金·塞尔南曾说，地球是"天空中最美的星星——它之所以如此美丽，是因为我们了解它，熟悉它；它是我们的家园，它承载着所有人类，还有我们的家人、

---

*美国联邦层级与州层级的法律，要求州法院对于犯第三次（含以上）重罪的累犯采用强制性量刑准则，大幅延长他的监禁时间。有人认为这个法案加重了一些非暴力、非严重犯罪者的刑期，对他们不公平，所以活动家掀起了改良三振法的运动，高美斯即是受益者之一。——译注

爱和生命——不过除了这一切以外，地球依然那么美丽"。一臂之外的这颗小小蓝色玻璃球赋予了我们全新的视角：有时候我们会忘记，在一百万英里以外，我们看起来如此渺小，如此微不足道。卡尔·萨根曾这样描述一百万英里外看到的这颗"暗淡蓝点"："那就是我们的家，我们的一切。你爱的每个人、你认识的每个人、你听说过的每个人、历史上的每一个人，都在它上面度过了自己的一生……也许这张表现我们的世界是如何渺小的照片，是人类愚蠢自负的最好证明。对我来说，它更表明，我们必须更友善地对待彼此，珍惜和保护这个暗淡的蓝点。它是我们唯一的家。"[1]

每一颗蓝色玻璃球都在告诉我们，我们在这颗星球上做的每一件事都是有意义的。它代表着干净美丽的水，我们每个人都有权得到它。水不光可以用来饮用或者灌溉庄稼，我们还能在水中嬉戏、跳跃、彼此泼溅；我们在水上休闲、航行、冲浪、钓鱼、游泳、泛舟；我们欣赏水景，倾听水声；我们潜入水底，探索未知；我们热爱它，珍惜它，在意它，保护它。这颗星球上的水值得我们不惜一切代价为它而战。因为你深知，完全沉浸在水中，或者在水上穿行，那是怎样一种感受。它真真切切地滋养着你，包括你的身体、心灵和人际关系。也许正是出于这个原因，我们才那么容易忽视这个简单而纯粹的事实。

在完美的理想世界里，我们的水自由地奔流，干净而健康。波涛、水流和静水都在欢迎我们，拥抱我们，让我们尽情地嬉戏其中，为我们带来爱、创意和疗愈的力量。为了达到这个目标，很多人正在努力工作，尽力维系人类与水的古老纽带。人与自然的相互依赖超越了生态系统、生物多样性或经济收益的层面；我们的神经元和水彼此相依，互为生命的源泉。

　　我真正想说的是：

　　去水中。

　　在水边漫步，在水面上行进，去水下，坐在水边，跳入水中，听水声，触摸水。闭上你的眼睛，喝一大杯水。

　　请更深地浸没在对水的热爱之中，无论它是什么形状，什么颜色，什么形态。让它治愈你，让你成为一个更好、更强大的自己。你需要水。现在，水也需要你。

　　愿水与你同在。

致 ⸺⸺⸺⸺⸺⸺⸺ 谢

致

谢

　　归根结底，要缔结一段长久的关系，最好的办法是共同创造些东西。无论是一餐饭，一件艺术作品，还是一场自然而发的舞会，当你和某人共同创造了某些东西，你们就缔结了延续一生的关系。

　　　　　　　　　　　　　　——《社会突触》(*The Social Synapse*)
　　　　　　　　　　　　　　　诺拉·埃比涅芬和莎拉·托宁

　　（纽约阿斯提宫剧场，蓝人组合的表演开场之前，这段话出现在大屏幕上。从 1991 年开始，蓝人组合融合音乐、色彩与无穷乐趣的表演就主宰了这个舞台。）

　　19 岁的时候，我在印第安纳州绿堡市的迪保大学念二年级，那时候我认识了芭芭拉·多尔蒂，她让我开始思考蓝色思维。整整八个月的时间里，我每个周三下午都会去疗养院看望芭芭拉。和芭芭拉分享音乐的经历让我对神秘的人类大脑产生了兴趣。谢谢你，芭芭拉。

　　我还要感谢巴灵顿高中、迪保大学、杜克大学、西北大学和亚利桑那大学的各位导师、教授和老师，你们慷慨地满足了我对自然世界的好奇心。

谢谢我那个野性难驯的大家庭，你们让我爱上了水，也帮助我找回自己。

谢谢各位科学家、执业医师、艺术家和专业人士，你们为本书提供了诸多研究、故事和观点。我深深地钦佩你们璀璨的蓝色思维。如果本书有任何疏漏和错误，那一定是因为我解释得不对。

谢谢利特尔 - 布朗公司的出版团队，我从未和如此才华横溢的团队共事过，你们的工作无可挑剔。从你们身上，我学到了许多有关书籍和写作的知识。希望这本书和你们预期的一样。

写一本书就像雕刻一块木头。而写这本书就像雕刻水。感谢我的编辑杰夫·钱德勒，感谢文学代理温迪·凯勒；感谢薇姬·圣乔治，你带来了蓝色思维的灵感；还要感谢艾莉·萨默、蒂姆·怀廷、佩吉·弗兰登塔尔、克里斯·杰罗姆、伊丽莎白·加里加、丽莎·埃里克森、迈克尔·皮奇、阿曼达·布朗、佐伊·胡德、里根·亚瑟、安迪·海因、娜莎莉·莫斯、希瑟·费恩、安迪·勒康特、于金和艾莉森·沃纳，你们训练有素的双手帮助我完成了这项充满不确定性的繁重任务。现在，我们终于可以一起好好游个泳了。

特别感谢蓝色思维的实习生贾斯明·奥尔德里奇、爱玛·哈扎尔和卢比·霍伊。

除了在正文中提及的以外，还有许多人和我讨论过水的蓝色思维带来的益处，在本书的写作过程中，你们的意见是无价的宝物：克雷格·亚当斯、帕特里克·亚当斯、克里斯·阿格诺斯、阿比格尔·阿林、芭芭拉·安德鲁斯、克里斯·安德鲁斯、马克·贝耶勒、琼·鲍尔马斯特、费尔南多·布里托斯、罗伯塔·布雷

蓝

色

思

维

致

谢

特、芭芭拉·博格斯、哈尔西·伯艮德、保罗·喀纳斯、斯图尔特·坎迪、布雷尼·科莫尔、法宾·库斯托、唐·克罗尔、拉里·克劳德、瑟奇·德迪纳、卡洛斯·德尔加多、兰斯·德斯康罗兹、利奥·德鲁扎克、杰克·杜纳根、蒂姆·迪克曼、艾琳娜·芬克贝纳、布莱恩·弗洛里斯、约尔·福格尔船长、本·弗莱满、罗德·藤田、詹妮弗·加尔文、莎伦·盖纳普、南希·希格斯、约书亚·霍伊、赫苏斯·埃伦丹、帕姆·埃萨穆、基基·詹金斯、托尼和琳达·金宁格、莎拉·康菲尔德、洛恩·兰宁、哈罗尔德·林德、杰夫·里菲、琼·劳里、肯特·劳里、贾法利·马赫塔布、阿曼达·马丁纳兹、罗德·马斯特、马特·麦法迪恩、戴维·麦奎尔、彼得·梅尔、克里斯蒂娜·米特梅尔、菲利克斯·蒙卡达、安迪·梅耶、彼得·尼尔、希瑟·纽博尔德、杰克·奥涅尔、蒂姆·奥西亚、朗·奥特纳、珍妮弗·帕默、琳赛·皮威、玛格特·佩莱格里诺、尼克·皮切尔、克里斯·平斯迪赫、亚伦·蒲伯、朱玛尔·卡奇、克里斯·里夫斯、黛布拉·雷诺兹、迈克尔·罗伯茨、格雷森·罗切穆尔、安妮·罗莱、乔·罗伊尔、卡尔·萨菲纳、雷夫·赛格雷恩、罗兹·萨维奇、尼克·萨维、迈克尔·斯坎隆、达伦·斯雷博、巴顿·西沃、杰斯·森科、马克·谢利、布莱恩·斯科利、埃里克·索德霍姆、马克·斯巴丁、朱莉·斯塔克、托德·斯坦纳、迈克尔·斯托克、谢恩·图希、吉姆·图米、茱莉亚·汤森德、马克·范·希罗、迪莫西·沃格尔、克雷特·维布尼茨、斯科特·沃伦、卡梅隆·韦伯、本·惠勒、马修·怀特、斯普坦博·威廉姆斯和史蒂夫·温特尔。

　　四届蓝色思维峰会提出了许多新的问题。谢谢每一次峰会的参与者、赞助者和组织者，包括但不限于彼得里纳·布拉德布鲁克、考利·克鲁克、茱莉亚·戴维斯、马克斯·戴维斯、卡玛·迪恩、利奥·德鲁扎克、贾斯汀·杜克罗斯、莎拉·康菲尔德、曼努尔·马奎达、路易斯·尼尔逊、亚当·诺克、阿什利·帕普、艾米·波西、普里马韦拉·萨尔瓦、索尼·辛、克里斯汀·魏斯，还要特别感谢朱莉·斯塔克，她与我们分享了诸多成果，她也深爱着地球上的海洋。

特别感谢所有的蓝色天使，你们在生活中时刻不忘水和大海，你们为我们的工作提供了极大的支持。

感谢亚历克西·默多克创作的歌曲《蓝色思维》：

还记得吗，早在儿时
你就开始用蓝色思维看这个世界
用蓝色思维看这个世界
无论找到了什么，都别害怕

最后，感谢已故的彼得·马西森，是你启迪我走上了写作之路。"非虚构写作就像打造一个柜子，你无法通过雕琢完成所有工作。它可以非常优雅美丽，但却无法通过雕琢完成。作为真相的俘虏——或者说业已确定的形式——它不会飞。"马西森曾这样说过。

蓝色思维也不会飞，不过当然，我觉得它可以游泳。

索 ———————— 引

第 ———————————— 1 ———————————— 章

水 与 情 绪 : 蓝 色 思 维 的 起 源

1. J. F. Helliwell, R. Layard, and J. Sachs, eds., *World Happiness Report 2013*(New York: UN Sustainable Development Solutions Network, 2013), 3.

2. Ibid., 4.

3. S. Lyubomirsky, K. M. Sheldon, and D. Schkade, "Pursuing happiness:the architecture of sustainable change", *Review of General Psychology 9*, no. 2(2005), 111–31.

4. *World Happiness Report 2013*, 58.

5. J. H. Fowler and N. A. Christakis, "Dynamic spread of happiness in alarge social network: iongitudinal analysis over 20 years in the Framingham Heart Study", *British Medical Journal 337*, no. 2338 (5 December 2008), http://www.bmj.com/content/337/bmj.a2338.

6. *World Happiness Report 2013*, 69.

7. Madhu Kalia, "Assessing the Economic Impact of Stress—

The Modern Day Hidden Epidemic", *Metabolism 51*, no. 6, Suppl. 1 (2002), 49–53.

第 ⋯⋯⋯⋯⋯⋯ 2 ⋯⋯⋯⋯⋯⋯ 章
水 与 大 脑： 神 经 科 学 与 蓝 色 思 维

1. S. Satel and S. O. Lilienfeld, *Brainwashed: The Seductive Appeal of Mindless Neuroscience* (New York: Basic Books, 2013), 38.

2. Kenneth Saladin, *Anatomy and Physiology: The Unity of Form and Function*(New York: McGraw-Hill,2007), 520. For an excellent essay on the distraction of discursive thought, see "We are lost in thought" by neuroscientist Sam Harris, in *This Will Make You Smarter: New Scientific Concepts to Improve Your Thinking*, John Brockman, ed. (New York: Harper Perennial, 2012), 211–13.

3. Mahzarin Banaji, "A solution for collapsed thinking: signal detection theory", in *This Will Make You Smarter*, 389–93.

4. See the website for the Human Connectome Project,http://www.humanconnectomeproject.org. See also Marco Iacoboni, "Like attractslike", in *This Will Make You Smarter*, 330–32.

5. John Medina, *Brain Rules: 12 Principles for Surviving and Thriving at Work, Home, and School* (Seattle: Pear Press,

2008), 31–32.

6. See G. Chechik, I. Mellijson, and E. Ruppin, "Neuronal regulation: a mechanism for synaptic pruning during brain maturation" ,*Neural Computation* 11, no. 8 (15 November 1999), 2061–80,http://www.ncbi.nlm.nih.gov/pubmed/10578044.

7. Mark Changzi, *Harnessed: How Language and Music Mimicked Nature and Transformed Ape to Man* (Dallas: BenBella Books, 2011), see page 27 for a diagram.

8. David Pizarro, "Everyday Apophenia", in *This Will Make You Smarter*, 394.

9. see Andy Clark, "Predictive Coding", in *This Will Make You Smarter*, 132–34.

10. David Eagleman, *Incognito: The Secret Lives of the Brain* (New York:Pantheon, 2011), 22.

第 ———————— 3 ———————— 章

幸 福 的 神 经 生 物 学 基 础

1. D. G. Myers and E. Diener, "Who is happy?", *Psychological Science 6* (1995), 10–19.

2. *World Happiness Report 2013*, 3 (see chap. 1, n. 2).

3. S. Lyubomirsky, K. M. Sheldon, and D. Schkade, "Pursuing happiness:the architecture of sustainable change", *Review of*

General Psychology 9, no. 2 (2005), 111–31.

4. Barbara L. Fredrickson, Karen M. Grewen, Kimberly A. Coffey, Sara B. Algoe, Ann M. Firestine, Jesusa M. G. Arevalo, Jeffrey Ma, and Steven W.Cole, "A functional genomic perspective on human well-being", *Proceedings of the National Academy of Sciences*, published online before print 29 July 2013,doi:10.1073/pnas.1305419110.

5. M. A. Max-Neef, *Human Scale Development: Conception, Application and Further Reflections* (New York and London: Apex Press, 1991), 32–33.

6. Winifred Gallagher, *The Power of Place: How Our Surroundings Shape Our Thoughts, Emotions, and Actions* (New York: Poseidon, 1993), 125.

7. Daniel J. Siegel, *Mindsight: The New Science of Personal Transformation* (New York: Bantam Books, 2011), 111.

8. see Terrence J. Sejnowski, "Nature Is More Clever Than We Are", in *This Explains Everything*, John Brockman, ed. (New York:Harper Perennial, 2013), 328–31.

9. Zajonc, R. B. "Feeling and Thinking: Preferences need no inferences". *American Psychologist* 35, no. 2 (February 1980), 151–75.

10. M. White, A. Smith, K. Humphreys, S. Pahl, D. Snelling, and M. Depledge, "Blue space: the importance of water for preference, affect, and restorativeness ratings of natural and built scenes", Journal of Environmental Psychology 30, no.

4 (2010), 482–93.

11. R. Hanson, *Hardwiring Happiness: The New Brain Science of Contentment,Calm, and Confidence* (New York: Crown, 2013), 10.

12. Kim et al., "Functional neuroanatomy", 507–13,http://www.ncbi.nlm.nih.gov/pmc/articles/PMC2930158/#__ffn_sectitle.

13. J. M. Zelenski and E. K. Nisbet, "Happiness and feeling connected:the distinct role of nature relatedness", *Environment and Behavior* 46, no. 1(January 2014), 3–23.

14. C. O'Brien, "A footprint of delight: exploring sustainable happiness", NCBW Forum (1 October 2006), 1–12.

15. M. Gross,"Can science relate to our emotions?"

16. MacKerron and Mourato, "Happiness is greater" 6.

第 —————————— 4 —————————— 章

为　什　么　人　类　痴　迷　蓝　色

1. B. M. Harvey, B. P. Klein, N. Petridou,and S. O. Dumoulin, "Topographic Representation of Numerosity in the Human Parietal Cortex", *Science* 341, no. 6150 (6 September 2013), 1123–26.

2. See Marcus E. Raichle," The Brain's Dark Energy" , *Scientific American*, March 2010, 44–49.

3. Abram, *The Spell of the Sensuous: Perception and Language in a More-Than-Human World* (New York: Vintage Books, 1996), 60.

4. Gerald Smallberg, "Bias Is the Nose for the Story", in Brockman, *This Will Make You Smarter*, 43.

5. Eagleman, Incognito, p. 41 (see chap. 2, n. 25). See also "The blind climber who 'sees' with his tongue", by Buddy Levy, *Discover*, 23 June 2008.

6. Laura Sewall, "The skill of ecological perception", in *Ecopsychology:Restoring the Earth, Healing the Mind*, Theodore Roszak, Mary E. Gomes, and Allen D. Kanner, eds. (San Francisco: Sierra Club Books, 1995), 206.

7. "Brain Plasticity", http://merzenich.positscience.com/about-brain-plasticity.

8. Abram, *The Spell of the Sensuous*, ix.

9. V. S. Ramachandran, *The Tell-TaleBrain*, Kindle locations 1245–59 and 1280–1303.

10. Hayley Dixon, "Blue Lagoon dyed black to deter swimmers," The Telegraph,11 June 2013.

11. Angier, "True Blue".

12. Susana Martinez-Conde,"The Color of Pain", *Scientific American*,15 August 2013.

13. "Different colors describe happiness and depression", MSNBC Live Science, 8 February 2010.

14. Adam Alter, *Drunk Tank Pink, and Other Unexpected*

蓝

色

思

维

Forces That Shape How We Think, Feel, and Behave (New York: Penguin, 2013), 157–58.

15. Vanderwalle et al., "Spectral quality", 24 September 2010, www.pnas.org/cgi/doi/10.1073/pnas.1010180107.

16. R. G. Coss, S. Ruff, T. Simms, "All that glistens II: the effects of reflective surface finishes on the mouthing activity of infants and toddlers", *Ecological Psychology* 15, no. 3 (2003), 197–213.

17. Bachelard, *Water and Dreams*, 145 (see chap. 3, n. 3).

18. Charles Fishman, *The Big Thirst: The Secret Life and Turbulent Future of Water* (New York: Free Press, 2012), 311.

19. K. A. Rose, I. G. Morgan, J. Ip, et al., "Outdoor Activity Reduces thePrevalence of Myopia in Children", *Ophthalmology* 115, no. 8 (2008), 1279–85.

20. "Cognitive Facilitation Following Intentional Odor Exposure", Sensors11 (2011), 5469–88,doi:10.3390/s110505469.

21. J. Lehrner, G. Marwinski, P Johren, and L. Deecke, "Ambient odors of orange and lavender reduce anxiety and improve mood in a dental office", *Physiology & Behavior* 86, nos. 1–2(15 September 2005), 92–95.

22. Charles Spence, "Auditory contributions to flavour perception and feedingbehaviour", Physiology & Behavior 107, no. 4 (5 November 2012), 505–15,doi:10.1016/

j.physbeh.2012.04.022. Epub 2012 May 2.

23. Leanne Shapton, *Swimming Studies* (New York: Penguin, 2012), 188.

24. "Interbeing: What scientific concept would improve everybody's cognitive toolkit?", Edge.org 2001, http://www.edge.org/response-detail/10866.

25. Sally Adee, "Floater" , 21 October 2011, The Last Word on Nothing website,http://www.lastwordonnothing.com/2011/10/21/floater.

26. John C. Lilly and Phillip Hensen Bailey Lilly, The Quiet Center: Isolationand Spirit (Oakland, CA: Ronin, 2003), 117.

27. Seth Stevenson, "Embracing the Void", 15 May 2013.

第 ———————— 5 ———————— 章
红　色　思　维　与　蓝　色　思　维

1. Studies cited in Rick Hanson, *Buddha's Brain: The Practical Neuroscience of Happiness, Love and Wisdom* (Oakland, CA: New Harbinger, 2009),56–58.

2. Alex Soojung-KimPang, *The Distraction Addiction* (New York and Boston: Little, Brown and Company, 2013), 10.

3. Ibid., 11.

4. Daniel Goleman, *Focus: The Hidden Driver of Excellence*

索

引

(New York:Harper Collins, 2013), 203.

5. Pang, *The Distraction Addiction*, 59.

6. Peter Bregman, *18 Minutes: Find Your Focus, Master Distraction, and Getthe Right Thiings Done* (New York: Business Plus, 2011), 122–23.

7. Doidge, *The Brain That Changes Itself*, 68 (see chap. 2, n. 26)

8. Eyal Ophir, Clifford Nass, and Anthony D. Wagner, "Cognitive controlin media multitaskers", *Proceedings of the National Academy of Sciences 106*,no. 37 (15 September 2009), 15583–87.

9. Bregman, *18 Minutes*, 220–21.

10. Douglas T. Kenrick, "Subselves and the Modular Mind", in *This Will Make You Smarter*, 123–34.

11. Laura Parker Roerden, "Your Mind on Blue and a 'Lucky' Karina Dress Giveaway", Ocean Matters blog, 24 May 2013, http://www.oceanmatters.org/category/staff.

12. S. Kaplan, "The restorative benefits of nature: Toward an integrative framework", *Journal of Environmental Psychology* 15 (1995), 169–82.

13. T. Tanielian and L. H. Jaycox, eds., *Invisible Wounds of War: Psychological and Cognitive Injuries, Their Consequences, and Services to Assist Recovery* (Santa Monica: RAND Corporation, 2008), 12.

14. D. Franklin, "How hospital gardens help patients heal"

(published inprint as "Nature that Nurtures"), *Scientific American* 306 (March 2012), 24–25.

15. S. Sherman, J. Varni, R. Ulrich, V. Malcarne, "Post-occupancy evaluation of healing gardens in a pediatric cancer center", *Landscape and Urban Planning* 73, no. 2 (October 2005), 167–83.

16. Lisa Goines and Louis Hagler, "Noise Pollution: A Modern Plague", *Southern Medical Journal*, 100 (March 2007), 287–94.

17. W. Passchier-Vermeerand W. F. Passchier, "Noise exposure and public health". *Environmental Health Perspectives* 108, supp. 1 (March 2000), 123–31.

18. J. W. Williamson, "The effects of ocean sounds on sleep after coronary artery bypass graft surgery", *American Journal of Critical Care* 1, no. 1 (July 1992), 91–97.

19. "The state of tranquility: Subjective perception is shaped by contextual modulation of auditory connectivity," *Neuroimage* 53 (2010), 611.

20. L. S. Berk and B. Bittman, "A video presentation of music, nature' simagery and positive affirmations as a combined eustress paradigm modulates neuroendocrine hormones", *Annals of Behavioral Medicine* 19, suppl. (1997), 174.

21. C. M. Tennessen and B. Cimprich, "Views to nature: effects on attention", *Journal of Environmental Psychology* 15, no. 1 (1995), 77–85.

蓝

色

思

维

22. R. A. Atchley, D. L. Strayer, and P. Atchley, "Creativity in the wild:improving creative reasoning through immersion in natural settings", *PLoS One* 7, no. 12 (2012), e51474.

23. S. Kaplan, "The restorative benefits of nature: toward an integrative framework", *Journal of Environmental Psychology* 15, no. 3 (September 1995),169–82.

24. Study described by Catherine Franssen at Blue Mind 2, 5 June 2012.

25. C. Zhong, A. Dijksterhuis, A. Galinsky, "The Merits of Unconscious Thought in Creativity", *Psychological Science* 19, no. 9 (September 2008), 912–18,doi:10.1111/j.1467-9280.2008.02176.x.

26. "Inspired by distraction: mind wandering facilitates creative incubation, *Psychological Science* 23, no. 10 (October 2012), 1117–22.

27. Konrad Lorenz, *King Solomon's Ring: New Light on Animal Ways* (NewYork: Penguin, 1997; first published by Thomas Y. Crowell, 1952), 15.

第 ———————— 6 ———————— 章

蓝　　　　色　　　　纽　　　　带

1. Michael J. Fox, *Lucky Man: A Memoir* (New York: Hyperion, 2002),242–43.

2. "Neural correlates of lyrical improvisation: an fMRI study of freestyle rap", *Scientific Reports* 2, art. 834 (15 November 2012).

3. D. W. Winnicott, "Transitional objects and transitional phenomena:a study of the first not-me possession", *International Journal of Psychoanalysis* 34, no. 2 (1953), 89–97.

4. Gallagher, *The Power of Place*, 133 (see chap. 3, n. 14).

5. B. R. Conway and A. Rehding, "*Neuroaesthetics* and the trouble with beauty", *PLoS Biology* 11, no. 3 (19 March 2013), e1001504. doi:10.1371/journal.pbio.1001504.

6. "Neural bases of motivated reasoning: an fMRI study of emotional constraintson partisal political judgment in the 2004 U.S. presidential election", *Journal of Cognitive Neuroscience* 18, no. 11 (2006), 1947–58.

7. Goleman, *Focus*, 43 (see chap. 6, n. 15).

8. M. Slepian and N. Ambady, "Fluid Movement and Creativity", *Journal of Experimental Psychology* 141, no. 4 (November 2012), 625–29.

9. Ibid.

10. Keith J. Holyoak and Paul Thagard, *Mental Leaps: Analogy in Creative Thought* (Boston: MIT Press, 1995), 12.

11. Steven Kotler, *West of Jesus* (New York: Bloomsbury, 2006), 138–39.

12. Interview with Ellen Langer by Alison Beard, "Mindfulness in

蓝

色

思

维

the Age of Complexity," *Harvard Business Review*, March 2014.

13. Quoted in Richard Louv, *The Nature Principle: Human Restoration and the End of Nature-Deficit Disorder* (Chapel Hill, NC: Algonquin, 2011), 36.

14. R. W. Emerson, *The Selected Writings of Ralph Waldo Emerson*, ed.Brooks Atkinson (New York: Modern Library, 1964), 901.

第 ⸻⸻⸻ 7 ⸻⸻⸻ 章

唯　　　　一　　　　的　　　　羁　　　　绊

1. "Evidenceof mirror neurons in human inferior frontal gyrus", *The Journal of Neuroscience* 29, no. 32 (13 August 2009), 10153–59.

2. Siegel, *Mindsight*, 61 (see chap. 3, n. 15).

3. U. Dimberg and M. Thunberg, "Empathy, emotional contagion, and rapid facial reactions to angry and happy facial expressions", *PsyCh Journal* 1, no.2 (2012), 118–27.

4. C. Lamm, J. Decety, and T. Singer, "Meta-analytic evidence for commonand distinct neural networks associated with directly experienced painand empathy for pain", *Neuroimage* 54, no. 3 (1 February 2011), 2492–502.

5. "Nature connectedness:associations with well-beingand

mindfulness", *Personality and Individual Differences* 15, no. 2 (July 2011), 166–71.

6. "Can nature make us more caring? Effects of immersion in nature on intrinsic aspirations and generosity", *Personality and Social Psychology Bulletin* 35 (October 2009), 1315–29.

7. Sigurd F. Olson, *The Singing Wilderness* (New York: Alfred A. Knopf,1956), 8.

8. "The nature of awe: elicitors,appraisals, and effects on self-concept", *Cognition and Emotion* 21, no. 5 (2007), 944–63.

9. *A National Study of Outdoor Wilderness Experience* (Washington, D.C.: National Fish and Wildlife Foundation,1998), cited in P. Heintzman, "Spiritual outcomes of wilderness experience:a synthesis of recent social science research", *Park Science* 28, no. 90(Winter 2011–12),89–92.

10. "Influence of meditation on anti-correlatednetworks in the brain", *Frontiers in Human Neuroscience* 5 (2012), 183.

11. L. M. Fredrickson and D. H. Anderson, "A qualitative exploration of the wilderness experience as a source of spiritual inspiration", *Journal of Environmental Psychology* 19 (1999), 21–39.

12. A. H. Maslow, Preface to *Religions, Values, and Peak-Experiences*(NewYork: Viking, 1970; reprint Penguin, 1994), xvi.

13. A. H. Maslow, *Toward a Psychology of Being* (New York:

蓝

色

思

维

Start Publishing,Kindle edition, 2012), Kindle locations 1539–40.

14. Maslow, *Toward a Psychology of Being*, Kindle locations 1583–84.

15. Euripides, "Iphigenia in Tauris", in *The Complete Greek Drama*, trans.R. Potter (New York: Random House, 1938), line 1193.

16. E. Woody, "People of the River—Peopleof the Salmon, *Wana Thlama-Nusuxmí Tanánma*", in Water and People, 183.

17. J. Adelman and A. Mukai, "Tuna sold at record price is overfished,study says", *Bloomberg News*, 8 January 2013.

18. M. Roberts, "The touchy-feely(but totally scientific!) methods of Wallace J. Nichols", *Outside*, December 2011.

19. B. Latane and J. M. Darley, "Group inhibition of bystander interventionin emergencies", *Journal of Personality and Social Psychology* 10, no. 3 (1968),215–21.

20. L. T. Harris and S. T. Fiske, "Social groups that elicit disgust are differentially processed in mPFC", *Social Cognitive and Affective Neuroscience* 2,no. 1 (2007), 45–51.

21. A. Casselman, "A year after the spill, 'unusual' rise in health problems", *National Geographic News*, 20 April 2011.

22. Abram, *The Spell of the Sensuous*, x (see chap. 4, n.5).

23. D. Kahan, "Fixing the communications failure", *Nature* 463 (2010),296–97.

24. Kirsten Weir, "Your cheating brain", *New Scientist*, 21

(March 2014),35–37.

25. K. J. Wyles, S. Pahl, M. White, S. Morris, D. Cracknell, and R. C.Thompson, "Towards a marine mindset: visiting an aquarium can improve attitudes and intentions regarding marine sustainability", *Visitor Studies* 16, no.1 (2013), 95–110.

26. T. D. Wilson, "We are what we do", in *This Explains Everything: Deep,Beautiful, and Elegant Theories of How the World Works*, John Brockman, ed.(New York: Harper Collins, 2013), 354–55.

27. Quoted in Gallagher, *The Power of Place*, 216 (see chap.3, n. 14).

28. R. Louv, *The Nature Principle*, 44–45(see chap.7, n.76).

29. David Gelles, "The Mind Business", *Financial Times*, 24 August 2012.

第 ⋯⋯⋯⋯⋯⋯⋯⋯⋯⋯ 8 ⋯⋯⋯⋯⋯⋯⋯⋯⋯⋯ 章

一　百　万　个　蓝　色　玻　璃　球

1.　Carl Sagan, *Pale Blue Dot: A Vision of the Human Future in Space* (NewYork: Random House, 1994), 6, 7.

图书在版编目（CIP）数据

蓝色思维 / （美）华莱士·J.尼科尔斯著 ; 阳曦译 .
－北京 : 九州出版社 , 2018.4
　　ISBN 978-7-5108-6940-2

　　I.①蓝… II.①华… ②阳… III.①思维科学－通
俗读物 IV.① B80-49

中国版本图书馆 CIP 数据核字（2018）第 081999 号

This edition published by arrangement with Little, Brown and Company,
New York, New York, USA.
All rights reserved.
版权合同登记号　图字：01－2018－1128

蓝色思维

作　　者　（美）华莱士·J.尼科尔斯　著　阳曦　译
出版发行　九州出版社
地　　址　北京市西城区阜外大街甲 35 号（100037）
发行电话　（010）68992190/3/5/6
网　　址　www.jiuzhoupress.com
电子信箱　jiuzhou@jiuzhoupress.com
印　　刷　三河市华成印务有限公司
开　　本　700 毫米×970 毫米　16 开
印　　张　14.75
字　　数　200 千字
版　　次　2018 年 7 月第 1 版
印　　次　2018 年 7 月第 1 次印刷
书　　号　ISBN 978-7-5108-6940-2
定　　价　45.00 元